IN SHEEP'S CLOTHING ♥

当爱变成了
情感操纵

〔美〕佐治·K.西蒙 —— 著
李婷婷 —— 译
George K. Simon

中国友谊出版公司

图书在版编目（CIP）数据

当爱变成了情感操纵 /（美）佐治·K. 西蒙著；李婷婷译 . -- 北京：中国友谊出版公司 , 2019.8
书名原文：In Sheep's Clothing: Understanding and Dealing with Manipulative People
ISBN 978-7-5057-4686-2

Ⅰ . ①当… Ⅱ . ①佐… ②李… Ⅲ . ①人格心理学—通俗读物 Ⅳ . ① B848-49

中国版本图书馆 CIP 数据核字 (2019) 第 069675 号

书名	当爱变成了情感操纵
作者	[美]佐治·K. 西蒙
译者	李婷婷
出版	中国友谊出版公司
发行	中国友谊出版公司
经销	新华书店
印刷	大厂回族自治县益利印刷有限公司
规格	880×1230 毫米　32 开
	7 印张　120 千字
版次	2019 年 8 月第 1 版
印次	2019 年 8 月第 1 次印刷
书号	ISBN 978-7-5057-4686-2
定价	45.00 元
地址	北京市朝阳区西坝河南里 17 号楼
邮编	100028
电话	（010）64678009

前言

　　主管声称会支持你的工作，实际上却阻挠你获得成功的一切机会；同事悄悄地破坏你在老板那里获得的青睐；伴侣自称爱护你、关心你，却好像也在控制你；孩子似乎总是知道为了如愿以偿该怎么操控你。无论操控者是以什么身份出现，他们都会像披着羊皮的狼一样，表面上迷人和蔼，私底下精明无情。他们以狡猾和微妙的方式利用你的弱点，使用聪明的技巧来占你的便宜。他们是那种会不遗余力地争取想要的一切，却又竭尽全力隐藏自己的意图的人。这就是我称其为隐性—攻击型人格的原因。

　　作为一名在私人诊所工作的临床心理学家，我在 20 年前就已经开始关注这一问题了。因为有些病人最初前来求助是因为抑郁、焦虑和缺乏安全感的问题，后来我发现，在某种程度上，他们的问题是因为生活圈里有一个控制型人格者。前来咨询的不仅有被操控的受害者，还有那些操控者本人，因为他们与众不同的满足自身需求的方式和控制他人的方法失效时，也会感到痛苦。这项工作让我对操控行为的普遍影响有了更新的认识，也对它给人际关系带来的情感压力有了更多了解。

控制型人格的影响范围似乎是不言而喻的。我们大多数人都至少认识一个操控型的人，几乎每天，我们都能从报纸上读到或从广播中听到有人正设法利用或"欺骗"他人，直到他们的真实面目被揭穿。电视布道者宣扬爱、诚实和正直，却欺骗妻子、剥削信众；政治家宣誓为人民服务，背地里却中饱私囊；精神"大师"声称自己是上帝的化身，却做出了性侵儿童、恐吓质疑者的事。这个世界，是一个满是操控者的世界。

虽然"披着羊皮的狼"这样的夸张标题吸引了大众的注意力，激起了人们的好奇心，我们开始关注是什么让这些人被"标注"出来，毕竟我们接触的大多数操控者都不是什么传奇人物。相反，他们就和我们工作、合作甚至是生活在一起，他们精明阴险、暗箭伤人、虚伪欺诈、暗中勾结，使我们生活悲惨、痛苦不已。因为真正了解他们很难，有效应对他们更难。

当受害者因为情绪困扰寻求帮助时，通常他们并没有深入了解感觉如此糟糕的原因，而只是感觉到困惑、焦虑或沮丧。渐渐地，他们意识到自己疯狂的原因与如何应对生活中的某人有关。他们并不信任控制型的人，但也找不到怀疑的原因。他们也会生气，但最后又会由于某些原因而感到内疚，当面对质也会以防守结束。他们往往会在该坚守自己的时候放弃，会因为在该说"不"的时候说"是"而感到沮丧，也会因没有做一些改变现状的事情而感到受挫。总之，操控者是让他们感到困惑、被剥削和被虐待的原因。在接受治疗一段时间后，他们最终意识到，自己不幸的原因在于持续徒劳地试图理解、应对和控制操控者的行为。

尽管很多病人都聪明机智，对基本的心理学理论也有一定的了解，但是他们了解和应对控制型行为的方式并没有达到预期效果，有时还会适得其反。不仅如此，我最初采用的那些方法也没能让事情有所改观。刚开始，我博采众长地尝试了不同的治疗方法和策略，似乎能帮助受害者感觉上好受一些，但是没有任何一种方法能赋予他们从本质上改变自己与操控者的关系的力量。更令人不安的是，我试过的所有方法对于改变操控者本人来说都是无效的。最终，我意识到传统方法在了解和应对操控者上存在着本质的错误，我开始仔细研究这一问题，希望能够找到一种更实用和更有效的方法。

本书中，我会向大家介绍一种新的方法来理解控制型人格，而且我相信在本书中对于操控者的描述和对行为的标识会比其他方法更准确。我会解释什么是隐性—攻击，为什么隐性—攻击是大多数人际关系处理的核心。我会关注那些需要经常被关注的而又被传统理论忽视的人格维度。我还会构建一个理论框架，挑战那些对人们的行为方式的常见假设，解释为什么一些广为流传的人性观念反倒使我们沦为操控者手下的傀儡。

在本书中，我将实现三个目标，首要目标是全面了解性格障碍的本质和隐性—攻击型人格的典型特征。我会讨论一般攻击型人格的特征，也会着重介绍隐性—攻击者的独特表现。其中呈现的一些小故事，多是来自真实的案例，帮你"体会"这类人格的特征，也会结合案例具体说明控制型人格是如何行动的。掌握识别披着羊皮的狼的技巧，提前对攻击型人格做出判断是避免成为受害者的第一步。

第二个目标是准确地解释隐性—攻击者如何不动声色地欺骗、操纵和"控制"别人。攻击者和隐性—攻击者使用精选的人际策略和技巧来获得优势，熟悉这些策略会帮助人们在操控行为发生时就将它识别出来，因而避免成为他们的受害者。我还将讨论哪些性格特点会使我们太过容易被这些策略操控。了解自己哪些方面的性格特征最有可能被操控者利用，是避免成为受害者的另一个重要步骤。

最终目标是列出具体的操作步骤，人们可以遵照它来更加有效地应对隐性—攻击者。我会展示一些基本方法，大家可以在此基础上进行优化。我还会列举一些有针对性的工具，帮助人们走出因反控制失败而更加抑郁的恶性循环。过去的受害者使用这些工具后，会将精力投入真正的力量之源——自身的行为，了解在面对一个可能的操控者时如何做，这对于避免成为操控者的玩偶、增加对生活的掌控至关重要。

我试图把这本书写得严谨并充实、简单且易读，它的受众既是社会大众也是心理专家，无论是谁都会从中受益。因为治疗师遵循了许多传统假设、标识技术和干预策略，无意中固守和强化了从病人这里获得的对操控者的性格和行为的一些误解，不可避免地导致受害者持续受害。因此，我会采用一个全新的视角，希望能帮助个人和治疗师避免可能的操控行为。

目录

第一部分　以爱之名的操纵有哪些表现

简　介　隐形的情感操纵很难被意识到／003

第一章　人际关系中的情感操纵是如何发生的／021

第二章　表里不一：表面平易近人，其实冷酷无情／053

第三章　野心勃勃：肆无忌惮地攫取权力／063

第四章　奸诈狡猾：玩弄于股掌却不被发现／073

第五章　隐形攻击：善于隐藏真实意图和攻击行为／081

第六章　良知受损：从不关心别人的权利和需求／091

第七章　老虎机效应：施虐与受虐的亲密关系／101

第八章　孩子是如何获得情感操纵策略的／115

第二部分　如何应对看不见的情感操纵

第九章　识别情感操纵者的惯用手段／131

第十章　如何与控制型人格和谐相处／167

结　语　希望爱永远不要成为情感操纵的借口／197

致谢／209

第一部分

以爱之名的操纵有哪些表现

简介

隐形的情感操纵很难被意识到

一个普遍的问题

也许接下来描述的场景听起来会很熟悉：丈夫坚持女儿所有的学科都要拿到 A，这让妻子很生气，但她又怀疑自己的愤怒是否合理。当她说考虑到女儿的能力水平与他提出的成绩期望可能不合理时，他回击道："任何合格的父母不都希望孩子好好表现，取得成功吗？"这让她感觉反而是自己在无理取闹。事实上，每次夫妻两人就某些问题争辩时，不管结果如何，她总感觉自己是一个坏人。女儿最近暴露的问题比较多，当她建议最好寻求家庭咨询时，丈夫反驳道："你是说我有精神病吗？"这让她后悔提出这一话题。每次她都试图坚持自己的观点，但最终总是屈服于他。有时候，她认为问题出在他身上，觉得他是一个自私、苛责、令人生畏、有极强控制欲的人。但是，他又是那样一个忠诚的丈夫、称职的持家者、受人尊敬的社区成员。不管怎样，她都不应该怨恨他。但是，她还是忍不住抱怨了。然后呢，她总是怀疑是否自己才是错的一方。

　　一位母亲拼命想理解女儿的行为，她认为一个年轻女孩除非在极度缺乏安全感、非常害怕和可能抑郁的情况下，才会威胁要离家出走，说出"每个人都恨我""我希望我从未出生"这样的话。一方面，她眼里的女儿还是小时候那个未能如愿，就屏住呼吸直到脸色发青或大喊大闹的小女孩。毕竟，女儿仅在受到规则约束或试图想要得到什么时才会这样说、这样做。另一方面，她也有些犹疑，担心"如果女儿说的就是她的真实想法怎么办？""如果我真的做了伤害女儿的事，我又没有意识到该怎么办？"她讨厌被女儿用威胁和情感牌左右的感觉，但又不能让女儿冒险受到可能的伤害——她能吗？毕竟，孩子们只有在真的感到不安或威胁时才会这样——应该是吧？

问题的核心

　　在初期阶段，受害者都不相信"直觉"，在不知不觉中沦为防守状态，但是他们会清晰地感到那个处于攻击地位的人就是操控者。一方面，他们感到别人试图战胜自己；另一方面，他们在当时又没有找到任何的客观证据支持他们的直觉。他们觉得，一定是自己精神错乱了才会这样想。

他们并没精神错乱。事实是，人们总是处于斗争状态，而控制型的人是以更加微妙和不易察觉的方式在斗争。当操控者利用别人占据上风时，受害者们甚至都不知道自己已经被卷入战争，直到失去大好形势才有所察觉。当你被操控，别人很有可能正在与你争夺地位、优势和利益，但在某种程度上，你很难轻易察觉这一切。隐性一攻击就是大多数控制型人格的核心特征。

人类攻击性的本质

斗争本能是生存本能的近亲。我们每个人都在奋力生存和发展，大多数人的斗争不是肢体上的暴力，也并非天生就有破坏性。一些理论家认为，只有当最基本的本能满足受阻时，我们的攻击本能才有可能以暴力的形式表达出来。也有专家提出，有少部分人有天生的甚至是暴力的攻击倾向，尽管在良性环境下也是如此。不管极端压力、遗传倾向、学习模式的强化或上述因素相结合是否足以导致暴力攻击行为的产生，多数理论家还是认为，攻击性和破坏性的暴力并不等同。在这本书中，攻击一词指的是为了个体生存、提升自我、追寻愉悦以及消除一切障碍坚持到底，而在日常生活中进行的有力抗争。

在日常生活中，人们进行的斗争远比我们愿意承认的多得多，斗争的冲动是固有的和本能的。否认了本能的攻击性的人，要么从未目睹过两个孩子争夺同一玩具的场景，要么忘记了这一经典场景。斗争也是文化的重要组成部分，从尖锐的党派纷争为标志的代议政府，到竞争激烈的企业环境，再到对抗性的司法系统，太多的斗争交织在我们的社会结构中。我们在生活中也会起诉别人，与爱人离婚，争夺孩子的抚养权，竞争就业机会，争取在特定的目标、价值观、信仰和理想上压制别人。多年前，心理动力学理论学家阿尔弗雷德·阿德勒（Alfred Adler）指出，我们也在努力维护个人的社会优越感。为了个人优势和社会福利，我们与他人争夺权力、声望和安全的社会"地位"。的确，我们在生活的方方面面不断抗争，可以说，人们不是在让世界充满爱，而更像是在这个世界发动种种战争。

斗争本身是无所谓错误或有害的，公开公平地为合理的需求进行斗争往往是必要的，也是具有建设性的。当我们为自身需求奋斗的同时又能尊重他人的权利和需求，照顾他们免受不必要的伤害，我们的行为可以被称为自信的行为，自信的行为是一种健康的和必要的人类行为。我们学着坚持追寻个人需求，克服病态的依赖性，变得自信和胜任，这些都是没有问题的。当我们的斗争是不必要的，也不管别人是否会受到影响时，这时我们的行为就很有可能被称为攻击性行为。在文明世界里，没有节制的斗争（攻击）一直是一个大问题。人类是一种具有攻击性的生物，这一事实并不是为了说明人性弱点或人性本恶。同卡尔·荣格（Carl Jung）的人性观一样，我认为一个人不能"掌控"和约束自己的基本本能，导致攻击性行为的产生，才是人性中恶的来源。

两种重要的攻击类型

　　接下来将讨论两种最基本的斗争类型：显性－攻击行为（overt-aggression）和隐性－攻击行为（covert-aggression）（除此之外还有反应性攻击、掠夺性攻击、工具性攻击）。当你为了在竞争中取得优势，而且方法是公开的、直接的、明显的，那么你的行为就属于显性－攻击。当你的目标就是"赢"，为了实现这一目标，你为所欲为，支配或控制他人，而且用了微妙的、卑劣的、欺骗性的方式来掩饰你的真实意图，那么你的行为就属于隐性－攻击。隐藏明显的攻击意图，同时威胁别人后退、让步或放弃是一种强有力的操控策略。这也是为什么这些手段成为大多数隐性－攻击者操控人际关系的工具的原因。

隐性—攻击和被动—攻击

当人们试图描述隐性—攻击的时候，我经常听到人们把他们说成是在被动—攻击（passive-aggression）。隐性—攻击和被动—攻击都是间接的侵犯，但两者绝对不能等同。被动攻击，如字面所示，攻击形式是被动的。举个例子，发动被动形式的攻击就是在玩一个情绪“报复”的把戏，你会拒绝合作，以“沉默战术”应对一切，你会噘着嘴抱怨，故意“忘记”别人想要你做的事情，因为你就是在生气，就是不想对别人亲切示好。相比之下，隐性—攻击虽然隐蔽，但形式是活跃的。当一个人发动隐性—攻击时，他会用狡猾的、卑劣的手段获得所需，他操控他人的反应，同时将自己的攻击意图隐藏得天衣无缝。

隐性—攻击表现和隐性—攻击型人格

我们中的大多数人都会时不时地表现出某些隐性—攻击行为，但这并不说明我们就是隐性—攻击型或控制型人格。个人的人格由他的习惯性认知、自身与他人和世界的互动方式来定义。这是个人为处理各种情境或得到生活所需，而选择使用的独特的互动"风格"和相对根深蒂固的方式。某些攻击者在人际关系中的表现本质上是冷酷无情的，但是他们会掩饰其攻击性，甚至展现出一个令人信服的、极具魅力的外在形象。隐性—攻击者可以驾驭你思想的整个过程，并表现得不露声色。根据冷酷程度和病理学程度不同，隐性—攻击行为表现的程度也不同。但是，更极端的例子会有助于我们了解操控的一般过程，因此本书会特别关注一些严重的隐性—攻击性格障碍的案例。

受害的过程

很长一段时间里，我很好奇为什么受害者深陷操控关系中，还很难看清现状。最初，我还想去责怪他们。后来，我意识到出于某些原因，他们也是被蒙蔽的：

- 操控者的攻击性是不明显的。我们可能会在直觉上感受到他们试图压制自己，获得权力，还会发现自己在不知不觉中受到威胁。但因为不能指明他们攻击自己的清晰而客观的证据，我们很难证实自己的直观感受是正确的。

- 操控者频繁使用的策略都是强有力的、具有欺骗性的，我们很难识别他们的狡猾伎俩。操控者将自己伪装成心疼的、关怀的、呵护的或任何样子，反正就是不像要利用我们来获利的样子。他们的解释总是足以让对方怀疑是自己滥用了直觉和预感，他们的策略不仅让人难以清醒客观地认识到操控者正在努力控制他们，同时还会让自己无意识地处于防守状态。所有这些使得操控策略轻而易举地发挥出显著的心理效应。当情绪上感到不安时，你会很难清晰地思考，所以更不可能识别他们真正使用的战术。

- 所有人都有弱点，都会感到没有安全感，聪明的操控者正是利用了这一点。有时候，我们熟知这些弱点，也知道别人会用它来对付自己。例如，我听到有的父母说："是的，我知道我有一个内疚感的触发按钮。"当控制型的孩子不断按下这个按钮时，他们很容易忘记到底发生了什么。甚至，有时我们不知道我们最大的弱点是什么，操控者通常比我们更了解自己，他们知道利用我们哪一点、什么时候利用、怎么有效利用。缺乏自我认识可能会让我们处于轻易被利用的境地。

- 直觉告诉我们，操控者真的很喜欢挑战我们被灌输的关于人性的那些认识。心理学使我们倾向于把人看成有问题的人，每个人在一定程度上都会恐惧、缺乏安全感或"心理有点问题"。所以，直觉告诫我们要如何去对付一个残忍的罪犯时，理性却在劝导我们罪犯的"内心"一定是害怕的、受伤的、自我怀疑的。更重要的是，大多数人一般都讨厌把自己看成冷酷无情、麻木不仁的人，我们会谨慎地使用严厉或负面的评价来判断别人。我们要相信他们的无辜，相信他们没有恶意。因为不敢相信直觉告诉我们的控制型人格的特征，我们更倾向于怀疑和责备自己。

识别攻击的目的

第一，接受人们为了获得所需而奋斗是人类基本的行为这一观点。第二，识别人们在日常生活和人际关系中使用的微妙隐蔽的手段。做到上述两点会提高对于攻击行为的意识程度。学会如何识别攻击型行为，掌握处理生活中的多种争斗的方法，是我在与被操控者接触过程中总结出的最有效的经验，是受害者最终摆脱操控者的支配和控制、获得和提升自尊的重要助力。首先，认识操控行为的攻击性质，了解操控者熟练的、隐秘的控制方式是非常重要的。很多人因为不能准确识别他们微妙的操控行为，会对其做出错误的盘算，从而无法以恰当的方式做出回应。识别操控者在何时以何种方式挑战你，是有效武装自己、应对各种挑战的基础。

不幸的是，心理健康专业人士和非专业人士都常常难以识别攻击的目的或他人行动的真实意图。这主要是因为，我们的预设信念是，人们只有在"陷入困境"或因某事焦虑时才会表现出不恰当的行为。我们也被教导，人们只有在被攻击时才会表现出攻击行为。所以，即使直觉在说，有人正在没来由地攻击自己，或有人想压制自己，我们也很难接受这样的想法。通常，我们会困惑是什么在严重困扰他们，是什么"内在原因"导致他们行为异常，甚至怀疑是不是自己说了什么话让他们感到"威胁"。我们可能会试着分析各种情况，而不是简单地给予回击，也几乎从未想过对方只是一门心思地想夺得想要的东西、占据上风而已。即使在某种程度上这些行为已经到了伤人的程度，我们也会努力去理解他们而不是照顾自己的感受。

我们不仅经常难以识别他人的攻击方式，还难以辨别有些人格中明显的攻击性特征。我们的困惑与西格蒙德·弗洛伊德

（Sigmund Freud）的传世之作有很大关系。在很长时间里，弗洛伊德的理论（和基于他的著作而扩展的理论）都深刻影响着心理学和相关社会人文学科。这些经典理论（精神动力学）的基本原则、典型概念被完好地印刻在公众意识中，神经官能症（neurosis）等心理动力学名词也进入大众视野。这些理论倾向于将每个人都视为一定程度上的神经症患者。神经症患者在基于本能行动或试图满足基本需求时，会感受到过度的焦虑（非特异性的恐惧）、内疚和羞耻。弗洛伊德的理论是由极度压抑群体发展而来的，现今被用于解释普通人心理问题的成因，其应用范围被过度放大了。但是，这些理论还是深入渗透到人性思考和人格理论中去。当我们大多数人试图分析他人的性格时，会自动地思考让他们"心绪不宁"的恐惧根源是什么、使用了什么样的"防御手段"、心理上要"回避"的"危险"情境是什么。

新的心理学观点的必要性

　　人格的经典理论是在一个极其压抑的时代背景下发展来的。如果借用维多利亚时期的名言来描述，那就是："想都别想！"在这样的时代背景下，神经症可能会很普遍。弗洛伊德认为当时社会中充斥着由原始冲动引起的羞耻和内疚的人，有些人"歇斯底里"到盲目状态，以至于不会冒险在意识清醒状态下用贪婪的目光注视渴望的对象。时代变了，现在的社会氛围更加宽容，如果需要一个座右铭来描述我们当下的生活，最合适的是曾经流行的电视广告语："想做就做！"现在的状况是，个人非理性的恐惧和压抑引起的问题越来越少，由于缺乏自制、过分放纵本能造成的问题越来越多。治疗师越来越少，而不是越来越多将个人的痛苦归咎于神经症。因此，经典人格理论及相应的帮助陷入困境的人重获心理健康的处方，在解决现今性格障碍问题上的效果越来越不明显。

　　为了更好地识别和应对攻击和隐性—攻击行为，一些心理健康专家可能需要克服若干重要偏见。治疗师倾向于把任何形式的攻击看作一个单独的问题，而不是将攻击看作内在的不满足、不安全感或无意识恐惧的"外在症状"。他们可能会专注于病人的所谓"内在冲突"，却忽视了问题的最终根源就是攻击行为。大量的实践经验灌输给治疗师的观念是，神经症"导致"他们的行为问题。例如，一个毕生积极追求独立、拒绝服从、从人际关系中获得一切可能的利益而又不履行回报义务的人，治疗师对此的解释是此人的问题行为必然源自内心对"恐惧"亲密关系的"补偿"。换句话说，他们会将一个铁石心肠、虐待他人的人看作一个可悲的逃避者，这是误解的核心。

将神经质人格特征的应用范围扩展到所有人格的描述和理解是不合适的，也是无用的。根据个体"防御"的恐惧对象不同来区分不同的人格类型的做法也需要被终止。如果我们想要真正了解、应对和治疗那些斗争得太多的人，而不是那些畏缩或"逃避"太多的人，就需要构建一个全新的理论框架。在第一章中，我将呈现一个这样的理论框架，介绍几种攻击型人格类型，他们的心理构成与神经症人格截然不同。基于此框架，你将能更好地理解一般性格障碍以及控制型人格（即文中的隐性—攻击型人格）的特征。我希望能够呈现一个全新的视角，不仅有助于非专业读者获悉不同情境下如何了解和应对控制型人格者，也有助于心理健康专家进行有效的治疗和干预。

第一章

人际关系中的情感操纵是如何发生的

了解控制型人格的特征是有效应对他们的第一步，而要了解他们的真实面貌，就需要把他们置于恰当的背景之中。在这一章中，我希望能够呈现一个有助于理解人格和性格的理论框架体系，帮你区分控制型人格与其他人格类型，鉴别那些披着羊皮的狼。

人格

　　人格（personality）一词源自拉丁文"persona"，本义是指面具。古代戏剧中，仅有男演员表演，当戏剧手法不能完全表达情绪时，面具可以用来刻画女性角色、表现多样的情绪。经典理论家用人格一词定义人类的社会属性，人类用"面具"掩饰了"真我"的一面。但是，这一古典定义对于人格的界定相当狭隘。

　　人格可以被定义为个体在感知世界、与他人建立联系和交互过程中形成的独有方式，其中，生理因素发挥着重要作用（如遗传基因、激素影响、脑部生化等），塑造了一个人的气质和秉性。当然，个体生存的自然环境和以往的学习经验也会对人格的形成产生重大影响。所有这些因素动态交织在一起，在个体与他人互动和解决问题的过程中，逐渐形成个体独有的"模式"。这一模式相对稳定，在时间维度上表现出恒常性，在事件维度上表现出普遍性。

性格

个体与他人的互动方式都是普遍的社会规范、伦理道德所衍生的独特模式。个体人格中，反映了他们如何接纳和达成社会责任，如何为人处世的方面有时也被称为性格（character）。一些情况下，性格与人格两个概念会混为一谈。在本书中，性格一词仅指个人人格发展的完善程度，以及他对社会责任的担当程度。完善的性格能够帮助个体调和本能，稳健行为，约束攻击性，服务社会良善。

基本的人格类型

大量的临床资料记载了多种人格分类理论，但人格类型的争论不在本书讨论的范围之内。我发现，个体应对生活中的挑战的不同方式构成了一个连续体，连续体的两个极端代表了两种基本的人格，这一假设有助于我们区分不同的人格类型。

人是目标导向的生物，我们投入大量的时间和精力追寻可能会给我们带来成功或愉悦的事情，而冲突的实质就是我们在追寻的路上遇到了障碍，理解以下两点有助于我们穿越障碍。遇到的阻力太大、太强，人们不确定自己是否能够有效解决，因而会选择退缩。相反，如果对自己的战斗力和意志力足够自信，人们也可以选择直面障碍，扫除横亘面前的一切障碍。

顺从型人格（submissive personality）者面对潜在冲突时经常会过度地退缩。他们怀疑自己的能力，害怕表明自己的立场。面对挑战时，他们总是"逃跑"，不给自己体验成功的机会，这一行为模式使他们很难养成自信的心理品质。人格理论研究者将这一类人描述为"被动—依赖型"（passive-dependent），被动心态会使他们完全依赖别人为自己反抗，即使感到不满足，他们也往往会听天由命，在那些强制要求自己变得更强大、更能干的意愿面前退缩。

相反，攻击型人格者倾向于向一切潜在的冲突宣战。他们生活的主要目标在于"赢"，并为此全力以赴。他们奋力克服困难和挫折，扫除道路上的一切障碍。他们野心勃勃地追求权力，并且完全地、恣意地使用权力。他们乐于接受挑战、力求登上巅峰和掌控一切。不管他们对自己应对挑战的能力是否有充分信心，他们都会极度自信，不受情绪的影响。

神经症人格和性格障碍

在同一人格连续体的两端，有两种截然相反的人格类型。一种是神经症人格，有这种人格的人对于应对和保障自己的基本需求极度迟疑和焦虑，内心的焦虑源自本能驱力和良心谴责之间的冲突。斯科特·派克（Scott Peck）在《少有人走的路》

（*The Road Less Traveled*）一书中提到的神经症人格者往往受到良心煎熬，这一观点是正确的。他们太害怕寻求自身的满足，因为会被内疚和羞耻打击得千疮百孔。相反，性格障碍者则缺少自制，受原始欲望驱使，也不过多为良知所烦扰。派克认为，这一类人拥有的良知太少。我们不可能把每一个人简单地归为神经症人格者或性格障碍者，但是每个人都会处于这两个极端组成的连续体的某一位置。即便如此，区分一个人主要是神经症还是性格障碍还是很有必要的。

弗洛伊德认为，文明教化是神经官能症的成因。他指出，人们主要通过性和攻击行为给他人带来痛苦和折磨，文明社会又会谴责随意的性行为和攻击行为。人们将社会禁忌内化，从野蛮中进化，神经症是人们为自我克制付出的代价。但是，这一观点也从侧面说明，大多数人愿意自我克制（甚至担心）性冲动和攻击性，也使得文明开化成为可能。很少有人能够"掌控"规则制定而又自由管束自己的本能，但卡尔·荣格提出，超越神经症（带来的负面影响）是可行的。通常，神经症表明我们具有维系文明的能力，适度的神经症是一种功能性现象。

在现如今宽松的社会氛围里，个体的神经症严重到需要治疗的程度已经越来越少见了，有着适度神经症的人们已经成为社会的主流群体。

在文明社会里，性格障碍是更亟待解决的问题，而非神经症。神经症人格者的问题主要是由于自身引起的，过度的和莫须有的恐惧扼杀了他们的成功。相反，性格障碍者不为良心谴责所累，狂热追求自己的目标，无视甚至损害他人的利益和需求，为他人和社会大众招致麻烦。在专业人士中流传着这样一句话：一个人若是让自己痛苦那就是神经症，一个人若是让人人都痛苦那就是性格障碍。在诸多人格类型中，顺从型人格大多是神经症型人格，攻击型人格则多是性格障碍。

用来定义神经症和性格障碍的特征是完全相反的，无论你是深陷糟糕的人际关系的普通人，还是试图去理解和治愈病人的治疗师，你都要牢记以下这些差异。

神经症

- 对神经症者来说，焦虑在形成性格、助长他们的痛苦"症状"中起着重要作用。

- 神经症者有成熟的甚至过于活跃的良心或超我。

- 神经症者过度的内疚和羞愧会导致焦虑的增长，造成困扰。

- 神经症者采用防御机制来减少焦虑，保护自己免受情绪的折磨。

- 对社会排斥的恐惧促使神经症者掩饰真实的自己，展现虚假的一面。

- 神经症者的困扰表现在心理层面的"症状"是自我失调（体验到的自我是厌恶的、不理想的）。出于这个原因，神经症者通常主动寻求帮助，减轻痛苦。

- 情感冲突是口述症状的内在原因，也是治疗的焦点。

- 神经症者的自尊往往是受损的和不足的。

- 神经症者对不良后果和社会排斥高度敏感。

- 神经症者中内在情感冲突引发的焦虑和减少焦虑的防御机制在很大程度上是无意识的。

- 因为问题的根源往往是无意识的，神经症者需要从传统的内省疗法中获得自我意识的提升，也往往会从这些疗法中受益。

性格障碍

- 焦虑在性格障碍形成的过程中作用弱化得多。性格障碍（character-disordered，CDO）者缺乏足够的忧虑，也缺乏对个体不当行为模式的焦虑。

- 极端的性格障碍者可能根本就没有良知，大多数性格障碍者良知发育不良。

- 性格障碍者在体验真正的羞愧或内疚方面的能力不足。

- 发动防御机制更像是操控别人的一种有力措施，一种拒绝向社会要求让步的表现。

- 性格障碍者会进行印象管理，但在基本的人格表现上，他们还是本来的样子。

- 人格的问题往往源自自我和谐（性格障碍者喜欢自己的行为方式，尽管这会干扰到别人）。他们很少因自己的问题求助，而往往会给别人施压。

- 错误的思维模式/态度是性格障碍的外在行为问题背后的原因。

- 性格障碍者常常自尊心爆棚，他们膨胀的自我形象并不能补偿潜在的不满足。

- 性格障碍者不会因不良后果或社会谴责而止步不前。

- 性格障碍者的问题行为模式可能是习惯化和自动化的，但也是有意识的和经过深思熟虑的。

- 性格障碍者有足够的洞察力和意识，但是拒绝改变自己的态度和核心观念。性格障碍者不再需要洞察力，他们需要且能从中受益的是确定边界、当面对质以及纠正。认知—行为治疗方法是最合适的。

总之，无论从哪个维度，性格障碍和神经症都有很大区别。最重要的区别在于性格障碍者与我们大多数人的思考方式都不同。近年来，研究人员已经开始意识到澄清这一事实的重要性。我们如何思考，我们相信什么，我们的态度，在很大程度上决定了我们的行为表现。这也是近期研究宣称认知—行为疗法（直接对质错误的思维模式，加强改变思维和行为模式的意愿）是治疗性格障碍的方法之一的原因。

数年前，有人开始研究性格障碍者扭曲的思维模式，但仅专注于研究罪犯的思维模式。多年来，研究人员已经开始了解常见的性格障碍的思维模式，我也摘取了其中一些有问题的思维模式并进行了修改和添加，下面是简要总结的重要的几种：

- **自我中心思维**（self-focused / centered thinking）。这类性格障碍者往往只考虑自己，不会考虑他人的需要或者自己的行为会如何影响他人。这类思维导致的倾向就是自私自利，不承担社会责任。

- **占有思维**（possessive thinking）。这类思维将他人或他人的角色看成能使自己开心的所属物。性格障碍者将他人视为物品（物化），而不是拥有尊严、价值、权利和需求的个体。这类思维导致的结果就是占有、权力和物化倾向。

- **极端/非此即彼思维**（extreme/all-or-none thinking）。此类性格障碍者往往会认为，如果他不能得到想要的一切，那就什么都不要。如果他不在巅峰，那就在谷底。如果有人不赞成他说的话，那就是不重视他的观点。这种思维使他难以获得平衡和调和，并助长了固执倾向。

- **利己思维**（egomaniacal thinking）。此类性格障碍者太高估自己，认为他理应获得想要的一切。他倾向于认为所有的一切都理应归自己所有，而不接受要通过努力获得想要的一切的观点。这种思维导致优越感、傲慢自大和追逐权力的倾向。

- **无耻思维**（shameless thinking）。此类性格障碍者缺乏健全的羞耻感。他不关心自己的行为展示了怎样的性格。如果有人揭发他的本性，他可能不好意思，但是被揭发的尴尬和对不道德行为的内疚不是一回事。无耻思维培养了一种厚颜无耻的倾向。

- **简易思维**（quick and easy thinking）。此类性格障碍者总是把事情想得简单。他乐于"哄骗"别人，讨厌付出努力或承担义务。这种思维会导致蔑视劳动和努力的倾向。

- **无罪思维**（guiltless thinking）。行动之前，他们从来不考虑对错，做自己想做的事情，对社会规范不管不顾。这种思维助长的是不负责任和反社会性的倾向。

攻击型人格及其亚型

西奥多·米隆（Theodore Millon）的人格理论将攻击型人格定义为在人际互动和应对世界时保持高度独立性。他指出，这些个体总是满足自己的需求，同时拒绝依赖他人的支持。高度独立人格分两种，一种能够使自己的行为很好地契合社会运行，另一种则无法遵守法律规则。我认为，"攻击性"这一标签并不能恰当地描述各种高度独立型人格的亚型的人际风格。一个人可以采用一种积极关注自己又不具攻击性的行为方式，这就是自信的人格，也是我认为最健康的人格。我也十分赞同惯犯之外还有多种攻击型人格类型，不幸的是，社会精神病学术语仅仅解释了高度独立型人格的一个亚型：反社会人格（antisocial personality），将其视为一种心理障碍。

与自信型人格不同，攻击型人格者在追求个人目标上有一些冷酷无情，更突出了对他人的权利和需求的无视。核心特征包括迎接人生挑战的倾向，坚定的"赢"的决心，好斗的性格和心态，缺乏恐惧和抑制性控制而导致的适应不良，对主导地位的持续欲望，对于弱者的蔑视和漠视。

攻击型人格者也具有自恋者的大部分特征。事实上，有人认为这种人格类型仅仅是自恋人格的一种攻击型的变体。攻击型人格者是出了名的自负和自私，他们的需要、目的、计划等都是首要的，任何人和事都不应阻碍他们实现目标。

米隆在对高度独立型人格的论述的基础上，衍生出一些新兴的攻击型人格的研究，研究的对象是最严重的攻击型人格者。在与性格障碍患者打交道的多年临床工作经验中，我总结出五种基本的攻击型人格类型：放纵一攻击，途径一攻击，虐待一攻击，掠夺一攻击和隐性一攻击人格。虽然他们有很多共通之处，每一种攻击型人格类型又各具特色，有些类型更加危险，有些类型更难理解，但是对活在他们阴影下的那些人来说，所有的攻击型人格都构成极大挑战。

放纵一攻击（unbridled-aggressive）者会公开地敌对，频繁地使用暴力，经常有犯罪行为。这就是我们俗称的"反社会"的人。他们总是轻易发怒，缺乏适应性的恐惧或谨慎。他们冲动、不计后果、爱冒险、特别容易侵犯他人的权利。大多时候，他们的生活是封闭的，因为他们根本不会顺从，即使当前处境对他们是有利的情况下也是如此。传统观点认为，成长环境造就了他们抵制权威和他人、害怕被虐待和忽视的性格特征，因而他们不能与别人建立起充分的、密切的"连接"。多年的经验使我确信，有些显性攻击确实源自不信任别人而产生的敌意，也有一小部分人是因为生物倾向造成极端的警惕和猜忌（有一些偏执的人格特质）。但是经验也告诉我，放纵一攻击者大多并非由怀疑和猜忌造成，而是源自过度的攻击倾向，甚至有的攻击都是不必要的、莫名的、由怒火引燃，他们会毫不犹豫地发动攻击，不考虑给自己和他人带来的后果。相当多的人并不是在饱受虐待、被忽视或不利的环境中长大的，事实上，一部分人还有着最好的成长环境。所以，我们需要重新审视关于这类攻击者的旧有假设的合理性。有些研究人员已经注意到，他接触的各种"犯罪人格"者共同的可靠解释是，他们似乎都很享受从事非法活动。

途径—攻击（channeled-aggressive）型人格是显性的攻击型人格，途径—攻击者的攻击性有社会可以接受的出口，如利用经商、体育、执法、律师行业和军队等渠道，这些领域往往鼓励人们成为强硬的、任性的、有竞争力的人。他们可以公开谈论"葬送"竞争或"碾轧"对手的话题。他们通常不越线，但他们真的做出反社会行为时，你也并不会感到惊讶。这是因为社会规则更强调效用性，而不是对原则或权威的简单服从。所以，当一个人觉得这样做事出有因，或者认为能侥幸脱身时，他们就会打破规则，在他人身上施加累累伤害。

虐待—攻击（sadistic-aggressive）型人格是显性的攻击型

人格的另一种亚型。像所有其他攻击型人格者一样，他们寻求支配他人的权力和地位，看着受害者在弱势地位的挣扎和屈服，他们会享受到特别的满足感。其他攻击型人格者，仅在危急情况下反击，仅在妨碍他们的人身上施加痛苦和伤害，大部分攻击型人格并不打算刻意伤害别人，他们只是想获得成功。这些人的想法是，如果有人因为阻碍自己而受到伤害，那就这样吧。但是，施虐者享受让人卑躬屈膝、痛苦万分的过程。与其他攻击型人格者一样，他们狂热地追求支配权和控制权，不一样的是，他们尤其喜欢羞辱和贬低受害者。

掠夺—攻击（predatory-aggressive）是最危险的攻击型人格（也称为心理变态或反社会人格）。没有人比罗伯特·黑尔（Robert Hare）对这个问题的研究更深刻，她的《良心泯灭：心理变态者的混沌世界》（*Without Conscience：The Disturbing World of the Psychopaths Among Us*）一书读起来令人不寒而栗，但是对这一话题的解读既具有可读性，也具有价值性。我们该感到幸运的是，心理变态者（psychopath）作为一个特殊群体，相对少见。但是，在我的职业生涯中也遇到和处理过不少此类案例。这类人与大多数人都不同，他们的良知匮乏到了令人不安的程度。他们倾向于将自己视为更高一级的生物，普通人是他们的猎物。他们是最极端的操纵者或骗子，最喜欢剥削和虐待别人。他们看上去还会是迷人的、毫无敌意的。作为高超的猎手，他们仔细研究猎物的漏洞，做出令人发指的迫害行为，而从不感到后悔和遗憾。幸运的是，大多数操控者并不是心理变态者。

各种攻击型人格者有一定的共同特征，他们都过于寻求高人一等的权力和地位，并且不受惩罚的威胁和良心的谴责。他们在歪曲现实的前提下理解和思考，避免让自己接受和履行责任，"证明"自己过于激进的立场是合理的。这样一种歪曲的、错误的思维模式已经成为近期多项研究的主题。因为各种攻击型人格类型有许多共同点，不同亚型有相同的特点并不奇怪。所以，反社会人格者会有虐待倾向和隐性—攻击的特征，隐性—攻击者也会有反社会的倾向。

正如前面所提到的，所有的攻击型人格者都与自恋人格者有许多相同的特征，都显示出自我膨胀和权力欲望，都剥削他们的人际关系，都是情绪独立型人格，都靠自己获得需要的东西。米隆将自恋者描述为被动—依赖型人格者，因为他们大多关注自己，相信生活中不需要任何人陪伴，没必要做任何事来展示他们的能力和优势，只要自己确信这一点就够了。自恋者虽然自私和自我，但他们可能是被动地漠视他人的权利和需求；相反，攻击型人格者则积极采取行动保持他们的独立，摧毁别人的权利，保障自己的目标，维护统治他人的地位。

隐性—攻击型人格

作为攻击型人格的亚型，我们预期隐性—攻击型人格会具有自恋人格的一些特征。但隐性—攻击型人格也有许多独特的属性，使其真正成为攻击型人格的独特亚型。隐性—攻击者与其他攻击型人格者最主要的区别在于斗争的方式不同，他们会用巧妙的、隐秘的方式追寻想要的东西和凌驾他人的权力。总的来说，他们在性格障碍方面更加严重，也有一定程度的神经症。他们隐藏自己的真实性格和行为意图，不仅欺骗自己，也欺骗别人。

隐性—攻击者碍于面子不喜欢表现出明显的攻击性。操控者知道，如果他们正面进攻，就会遇到阻力。"克服"障碍最好的方法是"绕着走"，他们擅长秘密地、全力以赴地斗争。

一些人格理论家提出，隐性—攻击者或控制型人格者的基本特征是从蒙骗受害者的过程中产生一种失调的兴奋。但我相信，他们的主要目的和其他攻击型人格者是一样的，只是想赢，想找到实现目标的最有效的方式。我发现，他们的主要属性包括：

- 隐性—攻击者总是想要得偿所愿或者赢。对他们，也是对所有的攻击型人格来说，每一种生活情境都是一种挑战，一场力求胜利的战争。

- 隐性—攻击者寻求对他人的权力和统治。他们总是想要胜人一筹，掌控一切。他们使用大量微妙但有效的策略，获得和保持人际关系中的优势。他们使用特定的策略，使其看起来更像是别人主动放手、撤退和让步，实际上隐藏了自己的攻击意图。

- 隐性—攻击者看似文雅、潇洒、迷人。他们知道如何"美化"自己，如何瓦解你的抵抗，知道说什么、做什么能让你放弃直觉上的怀疑，拱手让出他们想要的东西。

- 隐性—攻击者也可以是肆无忌惮、卑劣无耻、报复性很强的战士。他们知道如何利用你的弱点，在你动摇的时候加强攻势；他们知道如何在你毫无意识、措手不及的时候抓住你，在你受挫或占上风时把你拉回战场。对他们来说，除非他们认为自己已经赢定了，否则战争永远不会结束。

- 隐性—攻击者的良知受损。像所有攻击型人格，他们缺乏内部的"刹车装置"。他们知道对错，但不会让是非观妨碍自己获得想要的东西。对他们来说，结果总是比过程更重要。因此，他们总是在自己的真实意图上自欺和欺人。

- 隐性—攻击者在人际关系中是施虐者和剥削者。他们将别人视为游戏（比赛）中的棋子。他们厌恶弱点，也会利用他们在"对手"身上发现的每一处弱点。

像其他类型的人格一样，隐性—攻击者在病理学程度上也有不同，最严重的情况远远超出人际操纵的层面。严重的隐性—攻击者能够用外在文雅甚至迷人的社会属性，掩饰其相当程度的冷酷无情和权力欲望，有一些甚至可能是心理变态者。

区分隐性—攻击人格、被动—攻击人格和其他人格类型

被动—攻击和隐性—攻击在行为表现上有诸多不同，被动—攻击型人格和隐性—攻击型人格也大不相同。米隆阐述被动—攻击或"消极"人格者的主要矛盾是采用独立还是依存的应对方式。被动—攻击者想要掌控自己的生活，但是又害怕自己不能有效实现目标。他们的内心矛盾在于是防御他人还是依存他人共建一个人际网络，他们长期渴望和寻求别人的支持，但也因为厌恶处于依附或从属地位，而常常试图通过拒绝与那些提供有力支持的人合作来获得某种意义上的个人权力。他们在选择面前优柔寡断，还会抱怨你先做了决定。当你在做一些事时，他们会犹豫要不要参与进来。当你们在争论时，他可能

会感到厌倦，想要逃离。但又害怕真正离开后，可能会在情感上有被遗弃的感觉，所以他们选择留下来，"噘着嘴生闷气"，等着别人央求他解释生气的原因。与被动—攻击者一起生活很艰难，因为你觉得无法取悦他们。斯科特·韦茨勒（Scott Wetzler）在《与被动—攻击者一起生活》（*Living with the Passive-Aggressive Man*）一书中，虽然经常把被动—攻击和隐性—攻击混为一谈，但他详细地描述了被动—攻击人格的特征，以及与被动—攻击者一起生活是一种怎样的体验。

被动—攻击人格的治疗过程也具有传奇色彩。他们可能会发"牢骚"和抱怨治疗师给予的支持太少，但当治疗师试图给出一些建议时，他们又必然会开始用诸如"话是这样说，但是……"的话语以及其他微妙的形式消极抵抗，与治疗师的建议"背道而驰"。大多数治疗师可以很容易区分对羞耻感过度敏感的"矛盾"人格和狡猾算计的隐性—攻击人格。但有时，治疗师对精确的术语并不熟悉，为了突出攻击型操控行为的微妙性，治疗师经常错用"被动—攻击"的标签来描述操控者。隐性—攻击人格和强迫人格也不同。我们都了解完美主义者，他们高度细致并且有条理。当需要人来审核纳税申报表或进行脑部手术时，我们尤其看重这些人格属性。是的，有些强迫人格也会强硬、独裁、刚愎自用和控制欲强，但这是因为这部分强迫人格刚好也具有隐性—攻击属性。一个人会将他们对原则和标准的所谓的承诺作为工具去行使统治和支配他人的权利。兼具隐性—攻击属性的强迫人格者，是那种会试图把自己的标准强行灌输给别人的人。

隐性—攻击者与自恋者不同，虽然他们有自恋者几乎所有的特点，但是一个过于关注自己的人不一定会试图操纵他人。自恋者可能会被动地漠视他人的需要，那是因为他们全心全意地关注自己。但是，有一些以自我为中心的人，总是漠视他人的需求，故意欺骗和虐待他们。认识到这一点，一些研究者区分出了良性和恶性的自恋者。但我认为两种人之间的区别在于，自恋者是全心关注自己，对他人的权利和需求漫不经心的人；隐性—攻击者是习惯性地利用和迫害他人，除了自恋，他们还有明显的攻击。因此，自我中心者巧妙地利用和操纵他人，不仅仅是自恋者，也是隐性—攻击者。

大多数隐性—攻击者并不是反社会人格者。无视他人的权利和需求，良知受损，积极获得优势，从明目张胆的犯罪或公然的侵略中侥幸逃脱。虽然这些看上去像是反社会的标签，但是事实上，有些反社会人格仅仅是将操控作为他们手段中的一种。操控者尽管有能力，但不会违反重要的社会规范，犯下罪行或暴力攻击他人。前文已经多次准确地描述了操控者算计的、秘密的、控制的人际风格，他们被称为反社会、恶性自恋，甚至是斯科特·派克说的"邪恶"，许多人还因感受到攻击方式的微妙性而将其称为被动—攻击。但这些标签并没有准确地定义控制型人格的核心特征。大多涉及隐性—攻击的操控和习惯性操控才是隐性—攻击人格，认识到这一点很重要。

同样重要的要记住的一点是，操纵者除了隐性—攻击倾向，还可能有其他的人格特征。所以，除了操控，他们可能会有自恋、强迫、反社会或其他倾向。正如我的一个朋友所说："它可能是短耳朵，也可能是长耳朵；它可能有很多头发，也可能没有头发；它可能是棕色，也可能是灰色；但如果它体形庞大，而且有象牙和象鼻，那它就是一头大象。"和你打交道的人，只要早早显现了其核心属性，不管他们还能是什么，他们首先就已经确定是隐性—攻击者。

因为掠夺—攻击者或心理变态者非常善于操控，有些人可能会倾向于认为隐性—攻击者就是程度较轻的心理变态者。这个说法无可厚非。心理变态者是最危险、最狡猾的控制型人格者。幸运的是，他们也是最少见的。本书描述的控制型人格者是更常见的，虽然他们也会给受害者的生活带来极大破坏，但不像心理变态者一样危险。

一个人是如何成为隐性—攻击者的

隐性—攻击型人格的形成过程各不相同。我遇到过的人中，有些人的早期生活有被虐待和忽视的经历，他们变身强大的"斗士"只是为了保障生存。我也遇到过很多人，尽管生长在最优越和富足的环境里，但还是想为生活争取更多。这似乎需要"追溯"到社会化过程的初期，他们性格形成的各个阶段都受到过度斗志的深刻影响。不管受先天或后天哪个影响更多一些，他们在童年的发展过程中，就已经过度习得了攻击型人格者的属性，而又没能学会控制攻击性的方法。在与隐性—攻击者接触的过程中，我概括出隐性—攻击者通常在以下几个方面有不足：

- 他们从未掌握什么情况下的斗争是必要和适当的。对他们来说，日常生活即战斗，任何阻碍他们获得想要的东西的人都是"敌人"。他们痴迷于"赢"，时刻准备投入战斗。

- 他们从不允许自己从长远角度取得"胜利"，因为那意味着要在短期内有意识地做出让步、承认或屈服。他们没有意识到，有时暂时妥协反而是最好的选择。他们一味讨厌屈服，这阻碍了他们在当下做出小小的让步，以便获得长远的胜利。

- 他们从来没有学会如何建设性地或适当地战斗。也许他们已经不相信可以凭借自己的能力公平地赢得斗争，也许他们从来不愿意承担失败的风险。有时，也许仅仅因为他们发现隐秘的战斗是如此有效。不管在什么情况下，他们都能够熟练地通过秘密的、隐蔽的方式战斗，获得"胜利"（至少在短期内）。

- 因为讨厌屈服，他们决不允许自己认可失败带来的潜在的、建设性的好处。我认为，这可以用来解释攻击型人格（性格障碍）者为什么没能从过去的经验中习得那些我们期待他们学会的原则。生活中真正的学习（内化）需要服从权威的、权力的或道德的原则，攻击型人格者不愿意改变的原因是他们不愿服从。

- 他们从未学会超越自己幼稚的自私和自我中心，没有意识到他们不一定有权利追求他们想要就要的东西。对他们来说，整个世界是盘中餐，他们擅长通过操纵获得自己想要的东西，他们认为自己是不可战胜的，这进一步膨胀了他们本就浮夸的自我形象。

- 他们没有学会真正地尊重和同情他人的弱点。对他们来说，每个人的弱点只是他们可以利用的对象。他们只会蔑视弱点，尤其是情感弱点，熟练掌握寻找并按下其受害者的情绪"按钮"的方法。

隐性—攻击的沃土

　　一些职业、社会机构和工作领域，为攻击型人格者操控他人提供了大量的机遇，政治、法律或宗教都是典型的例子。我不是说，所有的政治家、法律工作者和宗教领袖都是控制型人格者，但他们是隐性的权力寻求者。在努力工作的掩饰下，操控者不由自主地被权力吸引，利用绝佳的机会发展自我，行使相当的权力。最近一直占据热门话题的电视布道者、受人追捧的领袖和政治极端分子，周日晚上电视"成功学"的兜售者和激进的社会活动家，使用的手法与我们在日常生活中遇到的各种隐性—攻击的策略毫无差异，只不过这些案例更极端一些。攻击者使用的操控策略越狡猾越熟练，越容易升级到实质性和影响性的程度。

了解和应对操控者

受害者很容易成为隐性一攻击者的傀儡。任何想要避免受害的人都需要做到以下几点:

- 熟悉这些披着羊皮的狼的特点。知道他们真正想要的是什么、他们的操控手段是什么。只有熟悉这些,你在遇到类似情况时,才会将其识别出来。在下面章节中的故事中,我会用一种更容易理解隐性一攻击人格特点的方式展示出来。

- 熟悉隐性一攻击者操纵和控制他人的策略。我们不仅需要知道隐性一攻击者会如何表现,还应该提前判断他们接下来会有什么样的行为。一般来说,我们都能够预料到他们会想尽一切办法"赢",但了解他们常用的"战术"是什么,准确地识别他们正在使用的战术,才是避免受害的最有效的办法。

- 要意识到恐惧和不安会使我们更容易沦为隐性—攻击者的傀儡。要了解自己的弱点，这样才会为有效应对操控者提供重要助力。

- 了解你能在行为上做出哪些改变，可以减少你受害和被利用的可能性。第十章提供了可以参考的技术，使用这些技术会从根本上改变你与他人的互动过程的本质，帮助你更有效地应对那些可能会操纵和控制你的人。

接下来几章中的故事旨在帮助你更加熟悉操控者的特征。每一章都会突出一种典型的隐性—攻击人格，每个故事都将突出展现操控者的主要目的、操控者用来发展自身的最有利的策略，以及他们如何利用受害者的弱点。

第二章

表里不一：表面平易近人，其实冷酷无情

隐性—攻击者的主要特征是他们看重赢得一切。他们坚定、狡猾，有时冷酷无情，使用各种操纵策略，不仅要得到想要的东西，而且还避免被自己或他人看清本来面貌。乔（Joe）和玛丽（Mary）的故事会告诉你，家庭中如果有一个成员打着照顾和关心的幌子实现自己的目标，生活会有多么痛苦。

什么都要一流的父亲

丽莎（Lisa）又做噩梦了，她越来越易怒，有时会叛逆，在学校的表现也越来越差。她的父母——乔和玛丽，知道这些行为在初入青春期的孩子身上比较普遍，但这些行为出现在自己女儿丽莎身上就非同寻常。丽莎是他们唯一的孩子，这足以让他们格外担心。

乔把他的大部分时间和精力投入到处理与丽莎的关系这件事上。虽然玛丽已经多次提醒说丽莎可能是压力太大了，但乔确信问题比表现出来的更严重。他竭尽全力让玛丽认同他的观点，着重强调自己十分关心女儿，不停地说任何真正的好父母都会想方设法解决问题。

乔在帮助丽莎的过程中已经做了很多努力。几个月前，丽莎第一次把写着 B 的报告带回家，他随即向学校表示他担心女儿有学习障碍，但老师拒绝了再做一次测验的提议，告诉他丽莎的成绩还可以。乔向他们表示，他非常关心女儿，不愿意排除任何可能性。有段时间，他还怀疑资源教室的老师不希望特殊教室里多加一个学生，只能让丽莎离开这样一所缺少奉献精神的学校，转到一所更重视父母的意见的学校。玛丽对转学有些犹豫，但最终乔说服了她这是最好的选择。

转学后的第一学期，丽莎还能保留一些优等生的荣耀，但之后她的成绩又开始下滑。而且，她开始在一些小事上叛逆，尤其是对乔。乔知道必须采取行动了。他在一个享有盛誉的诊所预约了一套完整的专业心理评估。当听到要和全家面谈，而不是单独给丽莎做评估时，乔还是有一些惊讶的。但是，正如他多次强调的，为了帮助女儿，他愿意做任何事情。

咨询师的反馈让玛丽感到安心，从诊所回家的路上，丽莎的言论也让她受到鼓舞。"那个女咨询师说我可以在任何时间去找她聊一聊，"丽莎说，"我挺喜欢这样的。"然而，咨询师的一些话激怒了乔，他试图向玛丽证明咨询师是错的，而自己是对的："想象一下！他们想要告诉我，我的丽莎智商中等，她以前的成绩全部是 A，一直都是优等生！这怎么可能是中等智商？"乔还质疑咨询师的另一些观点，比如丽莎总是把自己逼得太紧，重梦暗示了父母尤其是父亲对她的期望过高。最终，他说服玛丽，诊所里那些咨询师用精神分析的方法分析每一个人，"本意是好的"，但他们不了解丽莎，至少不像他这个父亲一样了解。

第二天，乔开心地公布了一个喜讯，他找到解决丽莎问题的方案了。他买了一台新电脑，配套顶尖的学习教程。他每天可以花好几个小时和丽莎一起练习，让她"重回正轨"。诊所省下来的那笔花销可以刚好用来支付这笔费用。如果像咨询师说的那样，丽莎因为某些原因在跟他怄气，那么每天和女儿亲密相处应该会解决这个问题。最重要的是，他知道他有能力找回那个他一直很了解的小女孩。他告诉自己，毕竟，除了他，没有人可以像爸爸一样照顾好这个小女孩。

当一个人无所顾忌时

乔多次告诫玛丽，他是为了女儿好。他撒了谎，不仅欺骗了玛丽，也欺骗了自己。他可能会说服自己，也肯定尽了最大努力来说服别人他是为了女儿好。事实上，他只是想让丽莎把全是 A 的成绩单拿回家。

我了解乔。他总想获得他想要的东西，总认为他是对的，他的方法是正确而且唯一正确的途径，这种态度让他在商业领域畅通无阻。有些人称他为完美主义者，有些人说他有高要求、强迫症和控制欲，但这些标签没有完全捕捉到他的问题面。最根本的特征是，乔总是想要按照自己的想法行事，不知道何时止步、何时让步、何时退步。他是那种会不惜一切代价得到想要的东西的人。有时，这样做很好，毕竟要想在生活中做一个"赢家"，这样的小决心是必要的。但是，当他的攻击性在错误的时间和错误的舞台上表现出来时，尤其是当他声称他做的事情绝对不可能是攻击行为时，他的行为反而极有可能具有破坏性。

乔也是徒劳的。他将家人的形象当作对自己形象的一种反映。乔陶醉于他构建的自我形象和社会形象，在他看来，丽莎也有义务向别人展现一个良好的形象，这样别人才会加深对他的印象。尽管存在争议，他对别人的需求无感，自私如他，是不可能对女儿有同理心的。但乔的虚荣心不是丽莎和玛丽痛苦的直接原因，他总是要把自己的意志凌驾于别人之上，总是打着关心和担忧的幌子进行攻击（隐性一攻击），这才是问题的主要原因。

这个案例说明，一个人无论表象如何，都有可能在家里实施情感暴政。这个故事是基于一个真实的临床案例，你会发现其中有趣的地方在于，丽莎多数的噩梦里都有人想要伤害她的父亲。精神分析理论的解释是，丽莎在潜意识里可能存在一些伤害甚至杀掉父亲的欲望。丽莎直觉地感受到乔的冷酷无情，但她不是那种会猛烈还击的人。所以，只有在梦里，她才敢安全地表达自己的真实感受。

乔如何操纵玛丽

现在的问题是，玛丽在心知乔并不合理的情况下，为何又被乔操控着，跟他一样行事。关于此，我们还需继续探索，已知事实是乔在利用有效策略镇压玛丽任何形式的反抗方面是一名专家。

乔知道，玛丽非常负责。他明白，如果玛丽相信因为自己的处事方式忽视了家庭责任，没有尽到作为妻子和母亲的义务，她就会果断终止现有做法。所以夫妻两人当面对质时，他全部要做的就是让她相信，挑战他就等于忽视女儿的利益。如果他能让自己表现得像一个关怀女儿的人，那么玛丽就可能会相信自己是一个冷酷无情的人。

前面的简介中提到过，乔使用一些非常有效的策略（这会在第九章中详细探讨）说服自己他的所作所为是合理的，玛丽的反对是错误的，从而将他的自私目的做合理化的解释。他合理化地认为没有人会像他一样关心女儿的利益，每次都指责丽莎的旧学校的老师在"踢皮球"或"推卸责任"。同样也是通过合理化的手法，乔让玛丽充分确信，如果她反对就意味着她不像乔一样关心丽莎。乔的合理化解释掩饰了他的真实目的，他真正想要的是一个成绩卓越的女儿来映衬自己的成功，这进一步助长了他早已膨胀的自我。他关心的不是女儿的利益，而是他渴望满足的自我膨胀。

乔也极力否认自己在女儿的问题上的负面作用，将指责施加在别人身上。哪怕有一分钟承认自己是罪魁祸首，他可能就会有不同的想法。他的否认不是经典心理学理论中的保护或"维护"自我形象，而是在纵容自己继续那样做下去，否则他可能不会继续那样做。当他在力图否认时，并不是为了保护或维护什么，主要是为了奋力扫除挡住他获得一切想要的东西的障碍，抵制屈服于任何人，认识到这一点很重要。

乔也知道如何控制玛丽。他巧妙地、持续地传递着一种信息（尽管是非言语的信息），让玛丽知道如果她的行为符合他的期望，他们的感情就会融洽，她会是他的"贤内助"。如果她想要抵制他，坚持自己，或没有符合他的期望，他就会狡猾地让她知道这样做的严重后果。

我记得乔是怎样巧妙而有效地使用暗含的（隐蔽的）威胁来惩罚任何不认同他的人的。有时，他光是看起来就让人害怕，甚至安排去诊所做"评估"，或"将存心的抵制扼杀在萌芽状态"，这些都是他巧妙掩饰且具有威慑力的惩罚措施。

作为一个经验丰富的政治掮客，乔十分明白哪些事情可能会打破家庭中的权力平衡。诊所治疗小组为丽莎制定了适当的治疗方案，让丽莎觉得这是一个抵制惩罚、发泄情绪的好机会。乔很快取缔了这个机会，他优雅地通知治疗团队，问题已经解决，不再需要诊所提供的服务。他知道这可能会打破权力平衡，需要采取措施维护自己的权力、控制和统治地位。

丽莎的故事是一个指导性治疗的失败案例。从这个案例中，我学会了，如果你想帮助别人在一个操控型家庭中胜出，你不能单纯地让操控者感到他们必然会输。应对操控者，打造双赢局面的更多细节会在第十章讨论。

第三章

野心勃勃：肆无忌惮地攫取权力

对攻击型人格者来说，没有什么比获得权力、取得统治地位更重要。古训有云，房地产行业里有三件事最重要：地段、地段、地段。对于攻击型人格者来说，也只有三件事最重要：地位，地位，地位！现代社会里，我们生活中都需要某种意义上的权力，这不是病态的。但是我们如何热切地追求权力、如何保有权力、一旦拥有我们该如何使用权力，展现了我们是一个什么样的人。隐性—攻击者是冷酷且野心勃勃的，但他们小心翼翼地不让人察觉到他们是这样的人。下面的故事讲述了一个传教士是如何在真正的服务对象这件事上自欺和欺人的。

牧师的使命

詹姆斯（James）和简（Jean）带着孩子们离开舒适的乡间别墅，告别别墅旁边那座古老的乡村教堂，那时他是有一些犹豫的。他已经告诉孩子们搬去城市会带来新鲜刺激和更多机遇，孩子们做足了心理准备，即使没有时间去野营和漂流，孩子们也没有很多抱怨。简担心面对更多的信徒会给他们的感情带来压力，詹姆斯平息了简的不安。他信誓旦旦地说，简每次在最初接受主的工作时都会经历一段时间的纠结。简最终承认是她"自私"，再一次发誓会支持詹姆斯的工作。

信徒群体中暗自传播着关于詹姆斯搬家的消息，谣言说加入首都教区是被推荐成为教会长老的依据之一。詹姆斯回应这一问题时带着惯常的谦虚："我不知道主为我准备了什么……我只是按照他指引的方向前进。"

首都教区的牧师对詹姆斯明显的奉献精神和工作热忱感到惊讶。牧师多次提醒，没必要回应家访的每一个要求，也不用出席所有的《圣经》研究会议。但詹姆斯说，他发现侍奉主会让他"精力充沛"，服务信众时也让他更有活力。

每周日慷慨激昂的布道现场，人群聚集得越来越多，教区居民频频赞美詹姆斯的奉献精神。他因谦逊而感到脸红，回应道，满足别人的需求带给自己无数的欢乐和满足，他还告诉所有人他是多么高兴成为主的谦卑仆人。

似乎每个人都爱戴和敬畏詹姆斯，这让简很难再跟他聊天。她还有些内疚感，因为詹姆斯曾不止一次提醒她不要有小私心。她开始厌倦孤独的夜晚，她需要时间商量，也需要他协助解决孩子适应新学校和新社区的问题，她甚至提议回到原来那个乡下的职位，詹姆斯却很固执地留在这里。一时冲动下，简还曾威胁要离开，但在结束争论后，她感到非常内疚。她认为詹姆斯是对的，个人的欲望相比于主的旨意不值一提。"如果不是神的旨意，为什么这个机会会从天而降？"他这样反驳道。简放弃了继续尝试，她也开始尽自己的最大努力去帮助孩子们理解这些。

牧师在每周例会上的话让詹姆斯有些收敛。"詹姆斯，你知道吗？有些人在议论你参与了一个长老会席位选拔的培训，这一点我认为没问题。"他继续说，"但是，我无法想象为何有人说你可能因家庭问题而干扰工作。如果谣言属实的话，我不会推荐你。"

晚上，简不敢相信自己的耳朵，他们要出去吃饭，连保姆都安排好了。在晚饭时，詹姆斯告诉简，他计划在这周末带全家一起去露营和钓鱼，他已经和牧师商定好了挽救家庭形象的细节。"是什么让你着了魔？"简问。"我重新思考了一些事情，"他回答，"毕竟，你知道的，我爱你，超过爱生活。"

詹姆斯的隐秘目的

詹姆斯是隐性—攻击者。他用侍奉主、服侍他人的需要做"掩饰"，来满足他对威望、地位和权力的野心。一个有健全人格的人会平衡好个人与他人的利益，但詹姆斯没有学会这一点，他的性格是有缺陷的。尽管他声称要"服务"所有的信徒，但他习惯性地忽略了自己家庭的需要。服务他人的需求是詹姆斯考虑最多的事情，服务自己的野心才是他真正的目的，牧师暗示他，家庭问题可能会危及长老会席位，他的回应证实了这一点。以前，詹姆斯总是表现得像在为简抽时间，但他之前并没有抽出时间，后来因为有了一次不可思议的谈话，他要成为一个关注他人需要的人。谈话中提到，如果没有一个和睦的家庭生活的表象，他不会得到他想要的一切，即使詹姆斯意识到了这一点，渴望权力仍然是詹姆斯的真实目的。

詹姆斯是如何操纵简的

简是我认识的人中最没有自我、最具奉献精神的人之一，可能都有点过分丧失自我了，她的无私奉献是詹姆斯操纵和利用她的"邀请函"。简当面提出他应该更加关心家人时，他使用负罪感和微妙的羞辱策略使她相信是自己要求得太多了。简身处一个功能失调的家庭中，这样的家庭中有害的羞愧和内疚屡见不鲜。所以，她很容易接受别人的诱导而感到羞耻或内疚。

詹姆斯比我遇到的大多数隐性—攻击者更知道如何扮演仆人的角色。詹姆斯的外在行为显示出他毫无保留地投入牧师事业中，而当简直觉地感受到他的自私和不负责任时，她很难协调她的直觉，她也深深认可他对责任的全心付出。所以，当詹姆斯将自己描绘成仆人，将简说成自私和要求高的人时，简默认了。

现在最能考验詹姆斯的性格（事实上，任何人的性格）的是他该如何追求和使用权力。詹姆斯贪求权力，不仅伤害了家人，还滥用作为主的代言人的权力去平息爱人的反抗。虽然人们常说权力滋生腐败，但是权力本身并不能腐化性格，詹姆斯就是一个活生生的证据。已经根植于詹姆斯性格中的缺陷，导致他肆无忌惮地追求权力，一旦得到权力就会肆无忌惮地使用权力。相同的性格缺陷也是近年来几位知名电视布道者失败的原因。权力本身不会腐蚀一个人，它只可能使一个坏情况变得更糟。但是这些人肆无忌惮地追求和使用权力，这一行为本身已经标志着性格受损，他们从一开始就是权力一追求型的控制者。

我支持权力本身并不腐败的观点，因为考虑到父母相对于婴孩在权力上的绝对优势，儿童早期的关键阶段，父母确实拥有对孩子的绝对权力。然而，除了少数案例外，大多数父母对权力的运用小心谨慎到难以置信的程度。因为性格健全的父母通常会尽职尽责地履行委托给他们的重大责任，努力去完成任务，不可能滥用他们拥有的权力。如果仅仅拥有权力本身就是腐败，那我们的孩子没有任何发展的机会。

现在，事情就是这样，随着获得的权力越来越多，詹姆斯性格中越来越多真实的一面展示出来。要不了多久，他与某些重要集会成员的摩擦就会越来越频繁，争论的都是同一件事情——权力！大众想这样做，詹姆斯想要那样做。开始会有一段时间，他首选使用负罪感的策略、巧妙的羞辱和合理化的策略获得成功。但是反抗的人数不断增加，最终，忧虑的信徒会悄悄请愿为詹姆斯重新分配工作。简最终实现了她的愿望，詹姆斯回到以前工作的地方。有时候，主确实以隐秘的方式运行这个世界！

第四章

奸诈狡猾： 玩弄于股掌却不被发现

与隐性—攻击型人格打交道就像在经受鞭打。通常情况下，你真的不知道是什么工具在打你，直到伤痕累累。如果你遇到的是一个经验丰富的操控者，你就会知道他的表现有多迷人而无害。他们是欺骗和诱惑的大师，他们会向你展示你想看的，说出你想听到的。接下来的故事讲述了一个人如何能够优雅地迷惑他人，同时也有着刺穿别人心脏的能力。

丹和艾尔的故事

人人都喜欢艾尔（Al）。因为只要艾尔出现在现场，销售量就会稳步提升，公共关系就会改善。更重要的是，士气也会前所未有地高涨。艾尔总是会恭维你，让你感觉到被需要，感觉到他喜欢和欣赏你。你想要加入他的团队，因为你觉得他是你的伙伴。他就是有这样的特质——魅力，确实，人人都喜欢艾尔。

丹（Don）在最初的时候并不确定自己是不是喜欢艾尔，多年的业务工作，为各种各样的老板打工，已经使他的心肠变硬。有时，他在艾尔身边会感到不舒服，即使艾尔夸赞他，为他提供频繁的支持和帮助，他还是感到不舒服，也不知道为什么。再加上，他无法否认艾尔为公司做了很多贡献，激励了员工的忠诚度，也无法否认艾尔使他感受到价值和支持时耳目一新的感觉。所以，丹开始像其他人那样渐渐开始喜欢艾尔。

丹也不确定艾尔计划引进一个新人的谣言从何而起。他知道自己年龄渐长，也没有刷新销售业绩。但艾尔除了惯例的赞美之外，也没说什么。事实上，艾尔做的只是表扬他多年杰出的工作表现。丹觉得最好的办法是直接去问艾尔是否会解雇自己。"我很高兴你来见我，丹。如果你认为我会做一些让你不满的事而又不向你坦白，我会生气的。我可以向你保证，只要你还想要这份工作，你就可以继续做下去，这才是我做事的方式。"丹感到安心，还因为之前的怀疑和不信任感到相当惭愧和内疚。

新员工杰夫（Jeff）出现在公司里的那天，丹感到难以置信。艾尔招聘杰夫进来，分配到丹的工作部门，但是，丹不确定杰夫的工作任务是什么。他仅仅知道，杰夫和他在同一个部□工作，如果被分配完成他现有工作量的一半，那就会让他一直处于财政危机中。

丹不生艾尔的气。最糟糕的是，丹不知道该生谁的气。谣言说艾尔和杰夫已经认识很久，讨论工作也有好几个月了，他不确定谣言是否属实。艾尔向他做的个人保证，对他大加赞赏那天，说不定也正在和杰夫商讨工作。除此之外，他找不到任何证据证明艾尔明显地对他撒了谎。艾尔什么都没说，这让他最困扰。艾尔当时没有告诉他，后来才向他解释，出于对公司的利益和将来的考虑，他很快就会被要求分一半的客户资源给新人。艾尔也没有提出他对丹的预期，没有提出即使在这样的年龄，丹也应该像其他员工一样有优秀的工作表现，发展新的客户，重建客户基础。但是，真正让丹生气的是艾尔鼓励的话语："我对你的工作还是很有信心的，没有想让你离职，我一直都是这样说的。我希望你能继续留下来，当然，如果你想要离开，我也能理解。"

丹面临着一个困难的选择。他可以继续待在这里，在健康和耐力已经不是最佳状态的情况下从零开始，准备离职前的最后一次面谈。他知道自己不能接受平分工作，也更确定自己是被利用了。丹开始相信，艾尔什么都没告诉他，所以他才不会过早离职，打乱工作部署，这可能会使公司失去一些客户，造成经济上的损失，玷污公司"冉冉升起的新星"的形象。更让丹感觉难受的是孤独感，因为还有那么多人依旧爱戴艾尔。

一个狡猾的算计者

我们都会认识一些像艾尔的人。他们无疑是聪明且迷人的，通过支持他人，诱使他人忠诚于自己。事实上，艾尔真正感兴趣的是自己的发展。艾尔也撒谎了，方式并不明显而已，用轻而易举地忽略一些信息（隐性的）的方式。当丹问艾尔自己在公司中的未来时，艾尔的回答不完全诚实。当然，他没有解雇丹的计划，如果丹愿意的话，他也准备让丹留下，但是他确实在给丹"施压"，希望丹最终自行离开。他通过避免公开形式的撒谎，维持了表面的正直。他通过刻意忽略，更有效地实现了自己的手段。

　　丹最终会成为公司的一大负担。艾尔本来可以直接告诉他这一切，但他并没有直接回应。相反，他想回避这个问题。他这样做不是因为关心丹的感受，而纯粹是出于个人利益的考虑。新人需要时间来让自己立足，丹本来可以在他学习和摸索过程中提供宝贵的帮助，如果丹离职或被解雇，就会在丹的客户那里产生负面影响，有损艾尔的光辉形象。然而，如果艾尔还给丹分配工作，结果是丹主动放弃了，他就仍然可以维持他的好人形象。这样精巧的策略是隐性—攻击者的标志性特征。

　　丹从来就不是我的病人，但我熟知艾尔带给他的痛苦。接下来，艾尔会显示出他真正的性格是怎样的。他一直成功地剥削他人，真的以为能够侥幸成功。幸运的是，他没有。他犯了一个令人发指的罪行，目前在监狱里服刑。这个故事会给你一些启示，在命运揭开一个人的冷酷无情的真实面目之前，他性格中的严重缺陷，会成功地隐匿很长一段时间。

第五章

隐形攻击： 善于隐藏真实意图和攻击行为

有人说商业世界如狗咬狗一般竞争激烈，每个人都必须奋力攀登到顶峰。但是，在工作中，公平公开的竞争产生的成功和狡猾卑鄙的操纵造成的混乱是完全不同的。如果你身边有一个隐性—攻击型的同事，他就会成为你工作压力的主要来源。

下面的故事中，女主角从未公开公平地争取她想要的一切。她被权力和地位驱使不是问题，雄心或欲望也不是问题。管理得当，这些特质就会使一个人在工作中遥遥领先，也会帮助同事获得成功。真正令人不安的是，她是用隐秘的方式获得她想要的一切的。

公司中最敬业的女人

作为一个女高管，贝蒂（Betty）没有经历过前期培训，也没有高层管理的经验，但是公司里的人都认可她的重要性。无论什么时候，只要老板需要有人完成特定的工作，他就可以指望依靠贝蒂的工作积极性，圆满完成任务。她熟悉公司内大多数部门的工作流程，在她的指导下成功应对了几次大型挑战。

虽然贝蒂对每一个部门都很重要，但并不是每个人与贝蒂共事时都会感到舒适。当与她观点不一致时，大家就会有一种不安的感觉。有同事说，他曾经有一次挑战贝蒂时，内心有一种接近邻居家的篱笆，杜宾犬冲着他低声吼叫、龇牙咧嘴的感觉。没有人能够指明贝蒂对自己做了什么明显的残忍的事，但每个人都会直觉地感到，与贝蒂为敌是不明智的。

杰克（Jack）新上任行政助理时，很多人都对他积极改变现状寄予厚望。贝蒂告诉老板，虽然之前几个助理都没能胜任这一工作，但她会尽力帮助杰克"摸清门道"。老板对她的工作意愿表达了惯常的感谢，他把杰克介绍给贝蒂，告诉他，贝蒂会是他工作上的好帮手，建议两人好好相处。

看上去，贝蒂对杰克确实是有帮助的。她也经常夸奖他，尽管她知道他想挑战的事情都不可行。她总是跟老板说，她相信虽然杰克的观点有时候"不成熟"，但他的意图是好的。她甚至在同事们为杰克想做的事情感到担心时，特意叮嘱要给杰克学习和成长的时间。与此同时，她向大家保证会密切关注一切工作动态，并时常向老板报告。

令贝蒂感到意外的是，一些同事实际上很喜欢杰克做的一些改变。更令她惊讶的是，老板在每周例会上对她的评价开始变了。他不再时常跟她说："我很高兴看到你专注于工作。"相反，她开始听到诸如"开始，我对杰克的想法也没有把握，但是现在我觉得他的想法有些意思"，或"似乎大家也都很支持杰克的新项目，我们找到了这一职位的最佳人选"。最令她惊讶的是，她能做的工作越来越少。

贝蒂深知人们越来越喜欢杰克。有一天，贝蒂和老板的妻子共进午餐，她惊讶于杰克和老板的私人关系已经好到这种程度了。她还听说了一些以前不了解的关于老板的事情，她才知道老板竟然那么古怪和狭隘，因为他知道一名司机是同性恋后立马开除了他。

不久，贝蒂就会跟朋友抱怨，在和老板打交道的过程中她有多难受。毕竟，她说过，她没有真的想伤害杰克。如果杰克所有的事情都公开，老板会更了解情况，公司也会得到更好的服务。"我只是想让你知道杰克的计划目光短浅，我不同意。你知道，我个人还是挺喜欢杰克的，"她坚持道，"我知道有些人在议论，无论如何，他的性取向不会干扰我的判断。"杰克对自己和老板之间的距离感到越来越痛苦，想不通是什么使得已经建立起来的融洽关系迅速恶化。能接触上司的次数越来越少，他只能越来越多地依赖贝蒂给他提供信息，支持他的计划。贝蒂让他看到老板对他的工作越来越不满，但不愿解雇杰克以给自己带来情感折磨。当贝蒂给他一些其他公司的职位信息时，他甚至有些安慰。

杰克离开的那一天，每个人都很惊讶。每个人，除了贝蒂。她多次告诉自己，也试图告诉其他人，他不是这项工作的合适人选。毕竟，她在公司的时间够久了，知道什么样的人最适合公司。但是，她不会花费时间担心杰克或其他取代他的人。她有很多工作要去做。

肮脏的交易

我深知工作场合中，大多数时间里，人们对职场"贱人"

和性别歧视有着固有的刻板印象。我也经常感到人们在对任何具有攻击行为的男性和女性进行价值判断时，采用的是双重标准。所以，我知道审视贝蒂的攻击性格会有一些潜在的政治错误的风险，但我想，你在阅读贝蒂的故事中感觉不舒服，不是因为攻击行为是由女性进行的，真正让你感到不舒服的是贝蒂争取她想要的东西的方式。这就是她的污点——隐秘的斗争方式。

你不知道的事情会伤害到你

杰克在工作中受到操控，多是因为他在充满竞争的职场太天真，缺少领土意识，也不了解攻击型人格者在坚守领土时会是怎样的表现。尽管他受雇担任行政助理一职（一个从来都不正式的职位，尽管之前有些人尝试过但是没能够胜任），有些人已经承担了这个岗位的职责。从杰克无意中侵犯了已经被贝蒂宣示主权的那片领域起，贝蒂就在"收集"他的弱点，寻找最有效的打击点。

因为杰克没能识别贝蒂的人格类型，没有预料她会用哪些举措来维护工作上的权力，他觉得贝蒂所有表面上的帮助和支持都是真诚的。和许多人一样，他没有意识到，有些人的性格和自己的性格完全不同。不知道如何识别一只狼或一只披着羊皮的狼是他最大的弱点。现在，杰克已经学会了如何去识别。不幸的是，他必须用一种困难的方式去学会这一切。

反应性攻击与掠夺性攻击

贝蒂实现目的和紧握权力的独特"风格"阐明了攻击型行为中经常被专业人士忽略的一个特点。攻击性有两种不同的方式：反应性和掠夺性（有些研究者更喜欢称其为"工具性"）。反应性攻击（reactive aggression）是面临危险时的一种情感反应，不是我们能够计划的反应，而是我们面临死亡威胁又无路可逃时的自发反应。反应性攻击的整体特征与掠夺性攻击不同。在参加过的一个工作坊中，有位参与者提到的一种类比方法非常实用，当一只猫在受到威胁时（例如斗牛犬逼近），会表现出一些刻板行为。首先，它会拱起背部，露出利爪，发出嘶嘶声，毛发竖立，它的情绪反应是恰当的。尽管恐惧，它的双眼始终锁定潜在的攻击者，尽一切可能发出公开的、明显的信号，希望攻击者撤退，战斗中止。"敌人"知道接下来会发生什么，抓住机会就逃跑。

掠夺性或工具性攻击（instrumental aggression）不同，它不是一种即时的反应，而是一种经过计划的、深思熟虑的行动方案。它主要不是由恐惧驱使，而是受欲望驱动。掠夺性攻击的行为模式与工具性攻击也不同。当一只猫在游荡（搜寻老鼠）时，它放低身体、贴近地面、毛发顺从、安静而小心翼翼。它尽可能保持镇定，精准出击，捕获猎物。潜在受害者从未看到即将发生的不幸，即使有所察觉，通常也为时已晚。

猫追逐老鼠的行为，通常被解释为猫对老鼠的恐惧和愤怒，或猫"在愤怒管理上有问题"，或猫过去作为老鼠的受害者而造成创伤，现在正在进行相应的"报复行动"，这些说法都是荒谬的。然而，这些正是许多精神卫生专业人员和门外汉会做出的理论假设，他们将掠夺性攻击者归属于愤怒管理的小组或恐惧亲密的团体。对一些人来说，理解掠夺性攻击的基本原则就已经很难了，接受所有的生物都能表现出这种攻击行为的观点就更难了。

　　主流理论会将贝蒂的行为解释为担心失去工作和摆脱"威胁"时的"反应"。但是，她的行为表现不像前面的故事里那只受到惊吓的猫，更像是那只在游荡捕食的猫。在掠夺性攻击中，贝蒂不是受恐惧或其他情感的驱使，而是受到欲望的驱使。就像猫简单地想要午餐，贝蒂的行为反映了她对权力和地位的渴求。贝蒂在获取和维持权力和地位过程中的做法是灵活、聪明和狡猾的。当走在杰克背后时，她放低姿态，冷静、专注、安静，在发动攻击之前不让人感到受威胁。杰克从未意识到危险已经临近。

第六章

良知受损：从不关心别人的权利和需求

攻击型人格者不会勉强自己做不想做的事，也不会强制自己停止做想做的事。"不"是他们绝对不会接受的答案，因为他们积极抵制任何对他们的行为或欲望的限制，所以很难形成健康的良知。

良知的定义是，为个人无节制的追求目标而设定的自我界限，是一个人的内部"刹车"装置。攻击型人格抵制帮助他们安装刹车装置的社会化过程，倾向于在社会化过程的早期就奋起反抗。如果他们的攻击性倾向不是特别明显，如果他们能看到自我克制的好处，就会将一些社会禁忌内化为自己的价值观。一般来说，他们身上形成的是受损的良知。良知形成的核心：内化社会的禁令意味着行为上的服从。所有的攻击型人格者都厌恶和抗拒服从，必然会发展出受损的良知。

隐性—攻击者的良知受损可以经由多种途径实现。他们避免对别人表现出公然的敌意，设法说服所有人，自己不是冷酷无情的人。他们会遵守明文条例，但是在实际情境中会违反内在的契约精神。在最佳利益范围内时，他们可能会表现出行为上的约束，但是他们会抵制向更高的权威或规则设定者真正地屈服。很多人问我，我是否确定隐性—攻击者真的像我描述得那样算计和狡猾。"也许他们只是不由自主，"他们告诉我，"或者潜意识要求他们这样做。"因为确实有一些隐性—攻击者在某种程度上是神经症的，倾向于在自己的攻击意图上自欺欺人。但是，我遇到的大部分隐性—攻击者主要是性格障碍者，力图对自己的真实意图和攻击行为进行掩饰。在接受详细审查或处于弱势时，他们的行为也会表现得文明得体。但是，当他们认为自己能够免于监察和惩罚时，情况就完全不一样了。接下来的案例就是这样一个例子。

玛丽·简的故事

玛丽·简（Mary Jane）都要放弃了。丈夫为了年轻貌美的女子抛弃她，留她独自抚养孩子已经够糟了，连续五周面试得到的回复"我们会给你打电话"更是雪上加霜。现在正在进行第十一次面试，她已经绝望透顶，也不打算掩饰自己了。

"杰克逊（Jackson）先生，"她恳求道，"如果你聘用我，我保证，我会比你见过的其他人都更加努力地工作。我特别特别需要这份工作。"

　　在她开始工作的第二天，玛丽·简内心饱含几个月来所未有的希望，但她还是感觉自己相当脆弱。她让杰克逊先生看到了她的绝望，从未讨论过起薪或加薪晋升的机会。但在她看来，杰克逊知道她之前没有工作经验，还愿意给她一个机会，足以说明他是一个好人。

　　那些日子里，玛丽·简在老板周围时就会感到不舒服。她时刻提醒自己这份工作对保障她现在和将来的生活有多重要。当老板俯身靠近她肩膀，或目不转睛地盯着她看时，她还是会有些不安。即便如此，她还会让这些事情都过去，优先关注重要的事情。这似乎只是他的风格，他总是对女性员工"友好"，坦言婚姻很幸福，也喜欢在妻子和孩子参观办公室的时候炫耀他们。

　　工作了大概一年之后，玛丽·简没有加薪，越来越多的工作带来很大压力，她开始考虑认真地跟杰克逊谈一谈。当然，玛丽·简之前也向他提议过，他说尽管她在公司里表现不错，但她缺少工作经验，能有这样的机会实属幸运，她知道这些话没错。他还多次提醒，为她做了一些"特殊"的工作安排，给她一些额外的工作以赚得外快，这些事她的同事都不知道，是为了避免同事之间可能出现的恶意嫉妒。然而，一想到要在晚餐时或度假期间跟老板谈这些话题，她就会感到不安。她从不表达自己的不安，就是因为不想激怒他，而且她也不确定她的不安是否有合理的理由。

有一天，玛丽·简工作到很晚，周围的人都走了，她决定和杰克逊当面谈一下自己的顾虑，而且决定只谈她对于工作量加大却没有与其他人享受同等加薪这一件事。也许是因为偌大的空间里只有她和老板两个人，杰克逊的整体举止似乎变了一个人。"我原以为你是一个聪明的姑娘，"他脱口而出，"如果你能处事得当，你可以得到任何你想要的。"因为真正挑战了杰克逊，玛丽·简的紧张感急剧上升，他似乎完全没有注意到她在工作中有多大进步，累计承担了多少工作职责，以及对工作有多专注和感恩，这让她很震惊。"别给自己戴高帽子了！"他反驳道，"这里有很多人都知道怎么做对自己才有利！有些人更懂得配合，你可以看看他们发展得有多好！整整一年了，我一直在等你看清这一点。"

玛丽·简感觉自己被人利用了，以前这些怀疑也略有端倪，但是始终未得到证实。现在她有证据了，但又没有证人！而且，她陷入了一个真正的陷阱。杰克逊挑明，从他这个唯一的雇主手里拿到一封漂亮的介绍信，对她离开这里找下一份工作很重要，玛丽·简不得不承认这点。她仍然急需他的经济支持，虽然感到羞愧，但也确实无法离开。

玛丽·简依旧处于杰克逊的操纵和利用下，她讨厌看到他每日巡视秘书工作间时脸上挂着的笑容，也讨厌他偶尔停下来分享他儿子的照片或炫耀他为妻子的生日买的戒指。最后，是他自信的笑容让她决定辞职，她再也忍受不了了。

逍遥法外

隐性—攻击者利用对受害者弱点的了解，与他们结交或与他们一起工作。他们喜欢让别人一直处于低人一等的地位，让自己处于支配别人的高高在上的位置。我的经验是，如何使用权力是对一个人性格最可靠的检验。玛丽·简的老板无疑是性格障碍者，也是途径—攻击者和隐性—攻击者。尽管他似乎是那种会放别人一马的人，但他也是缺乏良知的。他利用玛丽·简的软弱获得优势，相信自己会免受审查和"惩罚"，最终让真正的性格显露出来。

良知而非反社会记录

杰克逊先生几乎从不关心别人的权利和需求。有些人给他贴上反社会甚至是心理变态的反社会者的标签，但他在日常生活中并不是一个反社会者，他从未违反任何重要法律，他经营自己的企业，成为建设社会的积极分子。从定义上来讲，他不是反社会者，我们需要一些标签来描述他冷酷无情、漠视他人、操纵和利用他人的意图。他的良心显然是受损的，但是没有足够的迹象能够说明他良知缺损到心理变态或反社会分子的程度。当然，他符合第一章里面列出的途径—攻击或隐性—攻击的所有标准。

杰克逊"邪恶"的根源

有些人说杰克逊这类人是"邪恶的",是什么让他变得邪恶?说他邪恶仅仅因为他的攻击性?攻击性本身就是"罪恶"吗?攻击他人会引起疼痛和痛苦,所以人们很容易认为它是邪恶的。杰克逊的攻击并非都会导致他人的痛苦,适当的途径——攻击有助于保障公司财政状况和雇员的经济收入。但杰克逊未能完全地"掌控"和负责地抑制他的攻击倾向。当他想从别人那里获得利益,就会对自己丝毫不加限制。他知道如何维持外在,掩饰自己的痕迹,他甚至知道在暴露的时候如何保护自己。所以,杰克逊内心的"邪恶"在于,尽管他知道如何在表面上做得像一个好人,但从不接受为了做一个好人所必须承担的责任,也不会为了做一个好人而努力约束自己的攻击性。

低人一等的地位

　　每个人在生活中都有不可避免地处于低人一等的位置、任人摆布的时候。杰克逊不需要使用太多常见的战术，就已经能够操控玛丽·简，他太了解她的弱点，也会利用这些弱点获得优势。他让她处于低人一等的位置并越陷越深，然后给她一条出路，并认为这是弱势的她不可能拒绝的一条出路，这是他主要的操纵策略。

　　玛丽·简原本可以花费更多的时间来认清这个即将与之一起工作的人，但是她真的太需要一份工作了。这使她不可避免地处于弱势地位，难免被操纵和剥削。这次经验教训让她了解到处于弱势地位的危险，也了解到一些会乘人之危的人的性格特征。

第七章

老虎机效应：施虐与受虐的亲密关系

隐性—攻击者使用各种伎俩来维持他们和合作伙伴的从属地位关系。当然，让一段关系维系下去需要双方的参与，每一方都必须为自己的行为承担责任。隐性—攻击者则往往寄希望于利用别人的弱点和不安全感。隐性—攻击者的受害者，最初往往被对方的能言善辩和迷人外表所诱惑，当了解到对方的真正性格时，他们通常已经在努力维系关系中投入了大量情感，很难简单地抽身离开。

不能抽身离开的女人

珍妮丝（Janice）为她即将做的事情感到内疚，到目前为止，她已经为此内疚了好多天。她要离开比尔（Bill），不是打算离婚，只是希望有属于自己的时间和空间来厘清思路。也不知道这是为什么，她觉得如果还和比尔生活在同一座房子里，她就不能清晰地思考。所以，她决定离开一段时间。出城去看望妹妹后，珍妮丝意识到远离家庭矛盾真的是一种极大的解脱。女儿离过两次婚还要单独抚养孩子，儿子大学辍学后又被解雇，现在急需一个容身之所，她都想帮。为了让这个家庭维系下去，她似乎总是在给予、给予、给予，已是筋疲力尽、疲惫不堪，她需要为自己做点什么。现在，她稍稍松了一口气，但还是一如既往地感到内疚。

　　主要是，珍妮丝为离开比尔而感到内疚。过去，她也听他抱怨在工作中承受的压力。现在，他又喝了酒，情况却不同了。也许是因为比尔在抱怨最近她没有给他急需的关怀和支持，也许是因比尔所说她的花销可能已经超出了他们能够负担的范围。反正，鉴于比尔最近的表现，她不想支持他，也因此感到内疚。

　　珍妮丝一想到离开比尔之后会发生的事就感到很内疚。以前，她也多次尝试过出走，每次都会使他戒酒的"恢复"进程出现倒退的情况。她逼着比尔去接受28天疗程的治疗，了解酒精依赖的相关信息。她也知道比尔抵制咨询和一对一面谈是有原因的，因为正如他说的那样，他在工作和家庭都顺利，并能得到她的支持时是不会酗酒的。她认为，比尔的指控是对的，他只会在她想要离开他的时候，在酗酒上"旧病复发"，或有一些饮酒引发的"后果"（暴虐、出轨或欺骗）。

除去惯常的内疚，珍妮丝确信这一次会不同。这一次，比尔说他理解她，他以前也这样说过，但现在他说得很真诚。他告诉她，如果她需要一段独处的时间，那就去吧。毕竟，他仍然爱她。比尔告诉她，不要担心堆积成山的工作，不用担心孩子们没人照顾，不用担心他再次酗酒。他明白，她需要关照一下自己。他说，或许她会发现自己很想他，就像他想她那样多。

最初，刚搬到公寓，还要保住工作，珍妮丝忙得几乎没有时间想起比尔和孩子们。就像自己当初承诺的那样，比尔刚开始并不打电话，只是最近打电话才相对频繁，因为他知道她想了解一下孩子们的近况。

在最近一次通话中，比尔的声音听起来发颤，吐字模糊。他告诉珍妮丝不要担心他酗酒，不要担心他可能很快会失业，他坚持说会处理好分离和孩子们的问题带来的"极大痛苦"，他会像其他人一样独自解决这些问题。在这几周里，珍妮丝感觉很内疚。

那天，医院打来的电话让珍妮丝有些疑惑，"服药过量？"她问自己，"我怎么可能因为一个人服药过量感到愤怒？"她不确定自己的愤怒是否合理，最终深陷内疚和羞愧。看到比尔躺在医院的病床上，胃里插着管子，她不在意医生说的他服下的止痛药的数量不足以造成严重损伤，只是看着他，想象有那样一种痛苦"驱使"他去做了这样的事情。再一次，她开始相信，是自己太自私了，她也一直都相信这一点。

她认为比尔需要她，这样的想法让她感觉很好。他向她伸出手。"我没想到你会来，"他说，"但是我很高兴你和我在一起。有段时间，我觉得我都要撑不下去了。"他补充道，"既然你回来了，我相信我可以的。"

"完美"的受害者

当珍妮丝接到医院的电话时，她最初的感受是生气。但是，她不明白为什么会生气。直觉告诉她，她被虐待了，但是比尔没有公开对她做任何残忍的事情。所以，她没能给她的情感做出合理性的解释，愤怒很快就被惯常的内疚感覆盖了。结果，在她看来，比尔是一个受害者，而不是一个操控者。当回顾类似的事件时，她的内疚会消退，继而产生受挫和悲伤的感觉。她已经多次经历这样无穷无尽的恶性循环了。

比尔在使用恰当的策略扮演一个受害者，他知道如何让别人产生同情，也会诱导别人因为在关键时刻"抛弃"自己而感到难受。珍妮丝所有的性格特征都会让自己上钩、中计、落入圈套。她不想把自己看成一个坏人，不想伤害任何人，事实上，她确实是一个关心别人超过自己的守护者。当认为自己是一个自私的人时，她就会充满内疚和羞愧。所以，当比尔综合采用了负罪感和羞愧感的策略，扮演一个受害者时，珍妮丝就会顺理成章地落入圈套之中。

比尔也擅长将他的责任外化到行为上。他断言只在酗酒的时候欺骗和暴虐，只在珍妮丝对他情感忽视的时候酗酒。他有两个完美的替罪羊：珍妮丝和酒。比做他的替罪羊更糟的是，珍妮丝成了这个圈套的牺牲品。

老虎机效应

有一种心理效应产生于虐待和操控的关系中，使受害者即使经常想过要离开也还是会保持现状，我称之为老虎机效应。玩过那些"独臂强盗"的人都知道，即使已经输掉了大量的钱，你还是很难停止拉动操纵杆的动作。深陷于老虎机效应的原因有四个：第一，诱人的"大奖"。人们急切想抓住那些投资少、回报多的机会。第二，你是否会得到一样东西，只取决于你愿意"回应"的程度（行为学家称之为比率强化程序）。老虎机上，你必须做大量的"回应"（投币），才会出现些许"胜利"的机会。第三，时不时地出现"樱桃"（以及类似的小奖励），会让你觉得"赢"了一点。这是在强化你的投入不是无效的，继续投入就会"赢得"更大的回报。第四，当你被机器"虐待"得精疲力竭想要走开时，你就会面临一个两难的困境。如果你离开，之前你就白白投资了那么大一笔钱。你不仅要远离"施虐者"，还要远离一股来自你自己的阻力。毕竟，投入的时间和精力没有任何回报，仅仅带着消沉的意志脱身是很难做到的，你会欺骗自己说："如果我再多投一个25美分的硬币……"

早期阶段，比尔对珍妮丝是非常细心和殷勤的，从这些迹象中可以看出他对她真的很认可，她很在意这些明显的认可。然而，很快，珍妮丝清晰地感到认可的迹象少了。最终，只有在他的意愿上投入大量的关注，比尔才会对她有情感上的支持。当她关注他所有的需求时，他也会时不时地反馈一点儿她想要的认可。多年来，她将自己投入到保护这些少而小的"回报"上，逐渐迷失了自我。老虎机效应留给她的只有被控制的感觉，但是她已经投资了那么多，很难真正地考虑离开。而且，如果她离开，就是承认自己这几年犯了一个大错，她可能会为自己感到惭愧，羞愧和内疚是她很难抽身离开的最大原因。

攻击型人格的"恢复"

　　珍妮丝和比尔的例子，以及许多后续类似的案例教会我一点，传统的"治疗"真正的药物成瘾的方案对于攻击型性格障碍（隐性—攻击）的药物滥用没有丝毫帮助。这些方案往往会让我们将药物滥用者或情感独立者看作受害和依赖的人，我们会认为比尔依赖化学物质，与珍妮丝相互依赖。近年来，热心的研究者扩大了"相互依赖模式"的范畴，将所有类型的人际依赖都纳入其中。在这样一个扩大的理论框架里，人与人之间都存在某种程度上的依赖和共存。有些案例中的依赖和共存是真实的，但不像我们说的那么常见。在更多复杂的人际关系中，存在着情感独立、施虐的一方，也存在着情感不安、挣扎着获取过度情感依赖的一方。

　　比尔是一个主动—独立（actively-independent）攻击者，也是一个施虐者。珍妮丝于他不是共存而仅仅是依赖的对象，是一个理想的受害者。比尔的主动—独立的应对风格在他做的所有事情上都有反映，他一直只为自己，因为他讨厌回应别人。当他和同事打高尔夫球时，也总是他开球车。除去喝酒带来的长期后果，他还是能够很好地照顾自己的。他小心翼翼地建立了一个秘密账户，资助他和同伙以"出公差"的名义持续地、秘密地出轨多位女性。尽管他的策略使他看起来是一个穷困潦倒的、依赖珍妮丝的丈夫，但是他把她留在身边的目的很现实。他有大量的财富和财产，不想要一个公平的离婚协议，所以宁愿与珍妮丝继续在一起，同时隐秘地与其他女人调情。没错，比尔是一个非常独立的人。

现在这个案例中的药物依赖可以看成是与情绪的独立或依赖毫无关系的。但我的经验是，虐待人格在行为和生活的所有"目标"上都表现出相似的模式，包括对药物的选择。比尔从未达到真正的药物依赖（成瘾）的标准，饮酒模式也不是瘾君子的循环模式。有足够的证据表明，比尔是药物滥用者（substance abuser），也是对他人的施虐者（people abuser）。

这是我的经验（也是越来越多的专业人员的经验），用治疗依赖者的方式来治疗攻击型性格障碍者的效果非常有限。过去，珍妮丝试图逼迫比尔去接受治疗（为了安抚她，他也去了）。在当地的一家医院，他被诊断为典型的成瘾障碍（ad-dictive disorder）。所有攻击型人格者都对药物依赖治疗方案深恶痛绝，因为这些方案要求成瘾者承认他们无论如何都无法动摇内心最深处的信念，要他们相信更强大的力量控制着他们复原的关键，这与他们膨胀的自尊不相符。他们讨厌让自己的意志和行为屈服于更高的权力，改变一贯重视的人际独立的方式而用人际依赖的方式看待自己也是不合理的。如果迫于压力接受治疗，他们可能会说很多正确的话来获得别人的支持（这是给出认可的策略），但是很少在内心接受这些方案的核心原则。

顺从的性格常常如此，珍妮丝最初被比尔吸引，是因为他的自信、独立的处事风格，与他在一起会有安全感。她从未为自己想过，也没考虑过自己照顾自己的能力，依赖别人的认可和支持获得自我价值，使她长期受到剥削。

珍妮丝的行为更符合经典的成瘾模型，传统治疗方案的核心原则也是为她量身打造的。珍妮丝的自我价值感依赖于比尔的评价，因此她沉溺于他的评价。此外，她不能放弃看似破坏性的一切，因为她早已习惯了两人关系中的痛苦，还得到了她迫切需要的一些东西。在她的宽容下，越来越多的虐待使她体验到极度的痛苦，她想要打破成瘾的状态。当试图从这一切中脱身时，她要经历心理的戒断反应。宽容和戒断反应是真成瘾的标志性特征。类似珍妮丝的人在匿名戒酒者协会或"相互依存"团体中经常会很适应，因为不像虐待性的伴侣，他们的行为模式符合依赖模型，会像模型预测的那样，有时去触碰情感的按钮，只是为了获得极度的疼痛，促使自己采取必要的"步骤"去"恢复"。

虐待关系的底线

一次研讨会中，有位出席者问我，毕竟比尔那么努力地避免失去珍妮丝，如果不是在某种程度上与珍妮丝相互依存，那又是为了什么？我的回答是，比尔是一个害怕失去的攻击型人格者，失去意味着放弃主导和权力的地位。不管在什么样的人际关系中，比尔都会寻求巅峰和控制感。在任何虐待关系中，对方从来都不是侵略者的欲望的真正对象，地位才是。每次珍妮丝感觉到有足够的自主权，甚至想离开时，权力的平衡就会打乱。比尔就会发动"战争"，不是为他心爱的女人而战，也不是为欲望和需求而战，他只是想要保持主导地位。作为一个性格障碍者，比尔也想把珍妮丝看作自己的所有物。因此，她不可以享有自由的生活，甚至更糟，她不能和别人有更好的生活。他只在乎，她是他的财产，她任何走向独立的行为都被视为对他和他的"主权"的拒绝。

第八章

孩子是如何获得情感操纵策略的

多年来，专业人士一直在关注儿童的恐惧和不安全感如何影响他们的个性发展，但是没有关注孩子如何学会约束和引导他们的攻击本能。在审视和应对为什么孩子会斗争、如何争斗、攻击性程度如何影响人格的形成等问题上，专家的主要做法似乎是否认这些问题的存在。

孩子自然而然地会为他们想要的东西斗争。早期社会化发展过程中，他们用公开的、肢体的形式斗争。对大多数孩子来说，这种斗争策略被证明会失败，会受到社会惩罚。如果父母的教养方法足够熟练，社会环境足够良性，孩子们的可塑性足够强大，大多数孩子会学着调节他们公然的攻击倾向，寻找其他策略来赢得生活中的斗争。在这个过程中，很多孩子会发现父母和其他人拥有的情感"按钮"，一旦按下，就会促使他们在冲突中让步或甘拜下风。他们还学会了，可以通过说和做（或者不说、不做）一些事情，让"对手"处于劣势、失衡或处于防守状态。然后，这些孩子学会了隐性—攻击。

由于许多社会因素（放任、纵容、虐待、忽视和缺乏责任感）的存在，现在似乎出现了越来越多的显性—攻击和隐性—

攻击（操控型）的孩子。我的观点可能有失偏颇，因为在工作的早期阶段，有一半的咨询对象是被情感和行为困扰的儿童、青少年和他们的家庭。我对一些案例一直印象深刻，从中我看到，一个孩子之所以会设法获得家庭中的绝对权力，就是因为熟练掌握了操控策略。接下来的故事就是这些案例中的一个。

专横的孩子阿曼达

珍妮（Jenny）坐在候诊室里感到很紧张。她很担心女儿阿曼达（Amanda），那些话浮现在脑海里。"你一定是认为我疯了，因为只有疯子才去看精神病医生！""你总是把我往坏处想。"第一次，珍妮是独自一人来的，她担心下次阿曼达来看到新的治疗师时会过度反应。

"我很担心我女儿，"珍妮解释道，"她一定很自卑。"在我的要求下，珍妮进一步解释，她告诫阿曼达要开始上交家庭作业，否则就取消课外活动的特权。她记得阿曼达抽泣着尖叫："你以为我是故意忘记写作业的吗？我就是太笨了，现在你都开始讽刺我了。每个人都讨厌我，老师讨厌我，现在你□讨厌我！"然后，她就躲在自己的房间里。"我并不想伤害她，"珍妮说，"我知道她的自我感觉已经很糟糕了。我想告诉她的是，我只是想帮她对学业更负责，可她这样的行为让我心烦意乱，她甚至都不跟我说话。直到后来我说，先找机会和老师谈一谈，再确定对她的惩罚，这似乎才让她高兴了一点。"

珍妮认为，阿曼达不断抱怨学校、老师的原因可能和自己有关。"有段时间，阿曼达还有一些优势，但现在情况不同了，"珍妮解释道，"去年之前，她一直比弟弟乔伊（Joey）和学校里的其他孩子高大一些。她过去常常欺负乔伊，还因为在校车上打闹被禁足。我和她父亲用了所有的时间来对付她。现在，学校里其他孩子的身高都超过了她，乔伊虽然年龄小点儿，但最近长高了些，现在也比她高大。乔伊从不欺压她，但阿曼达不像从前那样对待他了。"

珍妮分享了她对阿曼达的担忧，她担心阿曼达会对孩子们在学校说的那些事情感到不安和敏感。她叙述道，阿曼达经常跟她讲别人如何挑她的毛病，如何"让她感到抓狂"，老师们如何单单挑别她的行为问题而似乎从未注意到是别人先捉弄她。这些事阿曼达跟她说了好多次。"在某些方面，我认为阿曼达缺少安全感和缺乏自尊，就像我小时候那样，"珍妮指出，"当得不到需要的支持时，我总会感到很压抑。咨询过的一位治疗师认为阿曼达可能有些抑郁。"珍妮说，阿曼达曾多次扬言要离家出走，她说还不如死了算了，更想和父亲生活在一起，因为父亲理解她。"我想她的感觉是无助和沮丧，不是吗？我觉得，自从我离婚后，她就有这样的感觉。也许两年前，跟她父亲离婚就是个错误。我也试着理解她的不安，但我不能再经受任何打击了。我想要她快乐，我不想让她恨我。你觉得我们可以帮助她吗？我们必须做点什么。今天，校长给我打电话，并威胁要给她停课。我恳求他不要这样做，先让我帮助她。"

以其他名义欺负人

阿曼达的斗争方式和过去不一样，过去她有体形和力量的优势，现在没有了。但阿曼达仍然是斗争者，甚至是欺凌者，只是斗争的方式改变了。她已经认清了母亲的弱点，也熟知让母亲服从的策略。

和大多数人一样，珍妮更容易识别外在的、直接的和肢体的攻击行为。事实上，她处理前夫和女儿外在的斗争时，方式也是不同的，但是她没有看到阿曼达现在的行为中的攻击性，因而她还无意应战。结果，阿曼达变成了十足的操控者。具有讽刺意味的是，因为珍妮分辨不出阿曼达何时在斗争、以何种方式在对抗，所以她一再成为受虐者。

我记得珍妮第一次描述阿曼达频繁地口头攻击的情景。"我不能说她什么，"她抱怨道，"她如此具有防御性。"我问道："告诉我，你所说的防御是什么意思？""嗯，"珍妮解释说，"她开始对我大喊大叫——说我是一个坏母亲——威胁要做出可怕的事情。"我好奇地评论道:"有趣的是,你将这些无情的言语攻击描述为某种'防御性'的行为。从你的陈述中,我看到的是,似乎只要你询问了她不想做的事情或观察到她的行为中有你想让她改变的问题时,她很快就会处于攻击状态。""我想这是看待此事的不同方式,"珍妮回应,"如果她没有感到危险,为什么还会攻击呢?"

问题的根源

珍妮一直在寻找阿曼达的行为的潜在原因。基于对心理学的熟悉,她相信恐惧和不安全感是阿曼达问题的根源。显然,当她还身处婚姻中时,她也想找到她丈夫虐待行为的根本原因。现在,阿曼达可能在一些恐惧和不安全感中不断挣扎,甚至父母离婚造成的问题可能还没有解决,也许她在生气,也许她还在责怪母亲。但是,她的问题不在于生活中所有的挫折"导致"了攻击性,真正的问题在于她的人格。她开始将过度的索求和卑劣的索取固化为一种生活方式,首选负罪感、扮演受害者、指责他人、含蓄地威胁的攻击形式，攻击任何阻碍她获得想要的东西的人。

正确地识别受害者和施害者

在这个故事中，珍妮想要"帮助"阿曼达。但是，她们第一次来我这里，阿曼达既不需要帮助，也不寻求帮助。她需要的是修正（即纠正行为和情感体验），而不是帮助。珍妮才是真正的受害者，她急需得到帮助。阿曼达需要对思考和行为模式进行大量纠正，引导她认识求助的必要性，主动请求和真正接受各种帮助。

我不能总是强调传统理论在理解和应对性格障碍上毫无用处。但是，阿曼达真的不需要内省，不需要帮助，不需要揭示无意识的恐惧和不安，不需要克服自尊缺失这一问题。简而言之，她不需要传统方法提供的那些治疗。她需要修正，需要设定边界，需要正视扭曲的思维模式和态度，需要纠正隐性的攻击行为，也需要纠正她膨胀的自我形象。这些就是认知—行为疗法的作用。

孩子并不具备处理大量问题的能力，他们情感上不成熟，也缺乏生活经验。通过操控的优势，阿曼达在家中聚集了大量的权力。让珍妮具备应对阿曼达的力量，对双方心理和情绪的健康都是十分必要的。

一些关于自尊的关键词

和许多人一样，珍妮认为阿曼达可能是因为低自尊而感到困扰。她很难想象其他孩子会像阿曼达一样说出那些话，也很难想象其他孩子会像阿曼达一样如此缺乏自尊。尽管直觉告诉她，阿曼达表现的是"骄傲自负"，但她以为这一定是对糟糕的自我感觉的补偿。

自尊不是一个单极属性，一个人也可以同时是过度自尊或自尊缺乏。一个人"骄傲自负"并不总是因为要补偿一种潜在的不安全感（神经症有时候是这样的，但是性格障碍通常不是）。有些人设法积聚过多的权力，通过权力直接证明他们会战无不胜，这很容易让他们过度自尊。在阿曼达的案例中尤其如此，通过她自信地谋求家里和学校里更多的权力而反映出来。

自尊和自重的区别

区分自尊（self-esteem）和自重（self-respect）的含义是很重要的。"esteem"这个词语源自估计（estimate）的意思。自尊是直观地"评估"我们的天赋、能力和在追求想要的东西上已经获得的成功，基于这些形成了我们的自我价值。"respect"这个词语的字面意思是"回顾"（look back）。因此，通过有效地、反思性地评估个人的努力，对社会理想目标的承担，幸运的话还有已获得的成就，基于上述这些就产生了自重。简而言之，自尊源自我们知道我们拥有的一切，自重源自我们用自己的天赋去完成的一切。

阿曼达的自尊感，毫无疑问，是失衡的。不考虑母亲、老师或任何理应被尊重的权威人物，阿曼达过多地考虑了自己。

她认为她是"成功"的，因为她成功地利用天赋让自己获得了成功。但是发展是长期的，她在将来可能会有一些失败的社会体验，在发展自重方面会经历一些困难。

父母和其他人有时无意中会强化导致孩子们过于自尊的那些因素。他们赞美孩子的聪明、外表和才华，简而言之，就是赞美孩子们不能用来合理邀功的那些因素，而没有承认这些是"高级力量"（即自然、上帝或任何你认可的赋予你力量的存在）在出生时造就的"巧合"事件。此外，父母还经常赞美孩子的成就。如果能够综合考虑其他因素，这样做也无可厚非。但是，家长经常忽视环境中的偶然因素，以及机会因素在成就中的作用。

不幸的是，父母经常无法精确找到孩子真正可以归因的因素，即工作和学习的主动性。"刻苦努力"本身是值得赞扬的一件事，认可它对健康自尊的形成至关重要。这一点很重要，一定要记住。我们赞美的不应该是他们被赋予的，而应该赞美他们的天赋和能力，以及他们为社会贡献而付出的努力。不幸的是，我见过太多的年轻人过多地考虑自己，这是自私，而不是自尊。

父母最大的恐惧

在深层无意识层面，许多父母感觉孩子很独立，这些孩子看上去似乎不像其他孩子一样需要他人。这些孩子受到的逼迫、约束和限制越多，就越有可能会远离父母。所以，这时父母掉入了陷阱，为避免失去的风险而试图去安抚孩子。

讽刺的是，一旦珍妮变得更有能力应对阿曼达，就会发生两种改变：第一，阿曼达会开始相信她生命中有些存在比她更强大，更有智慧和能力，因而她会获得一些必要的谦卑；第二，她会明白有时接受妈妈的指导和引领对她来说是最有利的，她会发现自己越来越依赖妈妈。她日益增长的依赖性不是依赖人格的那种不健康的依赖，而是对之前过度独立的平衡。珍妮日益强大后，最担心的事情没有变成现实，最美好的梦想反而成真了，她不是失去了一个女儿，而是重获了一个女儿。

第二部分

如何应对看不见的情感操纵

第九章

识别情感操纵者的惯用手段

防御机制和攻击战术

几乎所有人都熟悉防御机制（defense mechanism）这个词语。真正的防御机制是接近反射性的心理活动，有时我们采用这些机制来保护自己免受某些痛苦情感的威胁。具体来说，自我防御机制是一种心理活动，人们用它来保护自我形象，避免因触犯社会文明而"引发"的羞愧和内疚，以及由此带来的焦虑。自我防御的种类很多，有一些类型众所周知，已经进入大众讨论的范畴。

防御机制的使用是传统心理学或心理动力学方法理解人类行为的基本原则之一。事实是，至少一部分事实是，这些理论总是倾向于用人们信赖和常用的自我防御机制来区分不同的人格类型。正如之前简要介绍的，传统的理解人类行为和人格的一些理论，对理解性格障碍并没有实质的帮助。传统理论断言人们犯错后，必然会经历内疚、羞愧和焦虑的情感，人们会采用自动的行为抵御对自我形象的"威胁"，这就形成了防御机制。防御机制还在人们无意识的状态下发挥作用。

人类行为和人格的传统理论模型对于理解性格障碍没有帮助。性格障碍者一些特定的行为，我们通常也称之为防御机制。他们这样做主要不是为了保护自己免受情感痛苦、内疚和羞愧的折磨，也不是为了让担心的事件不再发生。相反，性格障碍者做出这些行为主要是为了确保期望的事件确实会发生，为了操纵和控制别人，并加强他们对接受和内化社会准则的抵制。他们会使用防御机制作为动力，继续做出社会禁止的事情，结果难以发展形成一种健康的内疚和羞愧。而且，尽管一部分习惯性的做法使这些行为接近反射性，但他们确实是有意识的。所以，很多传统上被认为是防御机制的行为，被理解成性格障碍者逃避责任的手段或操纵和控制的策略更恰当。

例如，拒绝这种防御机制。每个人都会听到别人说过类似的话："是的，他是有一个问题，但是他在否认（denial）这个问题。"大多数时候，否认这个词语是被滥用的。真正的否认是在无意识心理状态下保护一个人免受难以承受的情感痛苦的策略。阿格尼丝（Agnes）是一位身体健康的中年女性，刚刚

134

在医院，医生告诉她，保罗（Paul）可能不会康复了。保罗才40多岁，是她的丈夫，是她生活中的爱人和最爱的伴侣，她不想失去他的支持和陪伴，不想在未来独自痛苦地老去。因此，不管脑电图已经成为一条直线的事实，她继续待在他身边，一天又一天，握着他的手和他说话，反对那些持相反意见的人，因为她知道他一定会撑过来——因为他总会撑过来的。这个女人就处于"否认"的防御机制中。她不是故意这样做的，是在不知不觉中保护自己免受现实中突如其来和难以承受的巨大悲痛。随着时间的推移，当她心理上准备好承受创伤时，否认机制就会被打破，到那时，她会失去那些将她与悲痛隔离开的防御，情感彻底崩溃。

高中监察队发现性格障碍少年杰夫在欺负一个二年级学生，把他的书扔在地板上。"什么？"他反驳道，"我什么也没做！"他是在否认行为，但他是否认的心理状态吗？不是的！依照传统心理学理论来进行分析：（1）使用借口和托词，说明他对他所做的事情的感觉很不好；（2）为了保护自己免受耻辱或内疚带来的难以承受的感受，他不能向自己或他人承认所做的事情；（3）他有意识地对自己做的事情装糊涂。那些非专业人士和许多专业人士都会做出一些危险的假设，认为把这些说成性格障碍是完全错误的。对此更为准确的解释是，杰夫缺乏对自己行为的内疚、羞耻或焦虑，这就是他最初毫不犹豫地做出那些欺凌行为的原因。另外一种可能的解释是，他还不会用非攻击性的方式与人打交道。尽管他也会对自己的做法感到有些不舒服，但是他感觉还可以接受。因为他的行为问题可能已经被诟病了很久，他清楚地意识到其他人认为这些行为是不可接受的。然而，他不愿意向别人希望他采纳的行为标准屈服。他还非常清楚地知道，监察队那里有什么样的可能后果在等着他，他不想面对这些后果，就像他不想改变自己的行为风格一样。所以，他的最佳选择是试图说服监察队，证明他们看错了，眼见不一定为实，他们对他的判断是错的，他们应该认错让步。简而言之，当杰夫在否认时，实际上不是在防御，主要是在为自己战斗。他不是处于某一种心理状态，而是在使用一种策略，他很清楚他在做什么。这种策略通常也称作否认，但本质只是简单的撒谎。他撒谎的原因跟人们通常说谎的原因相同：摆脱麻烦。接下来，监察队会让两三个目击者与他当面对质，大家一致证明监察队看到的是真的，整个事件完全明朗。然后，杰夫可能说："好吧，好吧。也许我是推了他一把，但那也是他自找的，谁让他这一周一直缠着我。"传统观点会说他这是在"打破否认的机制"。但是，在杰夫身上，我们没有看到痛苦，相反，我们看到的只是敷衍的承认，看到他继续坚定地抵制我们希望他能够采纳的那些行为准则。我们没有看到羞愧或内疚的迹象，看到的只有反抗。

杰夫的行为中有一点很重要，尽管他撒谎的行为快速、自动，但并非是无意识的，可能是出于一种长期的习惯。他知道自己在做什么，还表现得很无辜，强烈否认一些负面的事情，以至于作为"原告"的你开始怀疑指控他们是否合理，这些都是出于杰夫丰富的经验，是他一种有利的战斗武器。以前，这种方法帮他摆脱麻烦，现在，他希望这种方法能够再次发挥作用。但是要记住，习惯性的、自动化的行为与无意识的行为不是一回事。

所有的性格障碍者，尤其是攻击型人格者，会使用各种心理行为和人际关系策略，以确保能获得想要的一切，这样的行为同时还会使他人成为受害者。这些策略会在本章——列举出来。首先，人们使用这些行为掩饰其攻击倾向。其次，频繁地使用这些行为置他人于防守位置。再次，这些行为会强化他们的功能失调，使其成为应对世界的首选方法。它们否决攻击者任何可能接受或屈服于重要社会准则的机会，从而改变了他们的行为方式。最后，大多数人都不知道这些使用工具有效地利用、操控、虐待、控制别人的行为该如何定义。如果你是一个更熟悉传统心理模型的人，你可能会将这些行为视为"防御"，但是将这些人的攻击理解为防守，在某种意义上会是你陷入受害的重要一步。当一个人采用的行动被描述为防守时，那么你就要做好被那些行为欺骗的心理准备，你可能要采用一些行动避免被骗。

将所有高明的操纵者会采用的欺骗和利用别人的策略——罗列出来是不可能的，但是下面列出的无意识的精神行为和人际关系技巧是一般型性格障碍，特殊的攻击型性格障碍，尤其是隐性—攻击者的"装备库"中比较流行的一些"武器"。重要的是要记住，人们表现出这些行为的那一刻，战斗就已经打响了。他们是在抵制人们希望他们采纳和内化的价值观和行为标准，他们也是在与他人对抗，以实现自己的目标。

隐性一攻击者尤其善于利用这些策略来掩饰他们的攻击意图，同时让对手处于守势。当人们处于守势时，思想会变得更加困惑，怀疑自己，有撤退的冲动。使用这些策略，会增加操纵者实现目标和利用受害者的机会。有时，单独使用某一策略即可，但有时，在你可能还没有意识到事态的严重性时，熟练的操控者就一次性抛出多种策略，等你有所察觉时为时已晚。

最小化（minimization）——这是否认策略与合理化策略联合使用的独特形式。当使用这种策略时，攻击者企图大事化小，声称他的行为并不真的像别人说的那样有害或不负责任。最小化策略清晰地说明了神经症和性格障碍的区别。神经症经常小题大做，或将事件"灾难化"。性格障碍者则经常将他们的错误大事化小。操控者这样做是为了使那些可能和自己对质的人感到他们的批评过于严厉，以及他们对当前情形的判断不够公正。

在珍妮丝和比尔的故事中，比尔将药物滥用问题最小化，坚持说他没有酗酒的问题，声称只有在压力很大或感受不到珍妮丝的支持时才会酗酒。最初，珍妮丝对最小化策略是买账的，因为她对自己说，他的饮酒量也并不总是难以接受，药物滥用状况并没有那么严重。

几年来，我遇到过几百个各种类型的案例，攻击型人格者总是把自己的攻击性和攻击行为的影响最小化。他们会说："也许我是碰了她一下，但是我没有打她。""我只是推了她一下而已，但她没有留下任何伤痕。"他们频繁使用两个"四字"词语，这两个词语刚好是我在治疗过程中明令禁止的："只不过是"和"仅此而已"。故事总是相似的，他们要做的就是说服我，我对他们的行为的结论是错的，对他们的怀疑也是错的。最小化的方式不是为了让自己对自己的感觉好一些，主要是为了试图去操控别人、留下印象的一种手段。他们不希望我像看待暴徒一样看待他们的行为。记住，他们经常对自己的攻击型人格感觉坦然，所以他们的主要目标是使我也相信这种人格没问题。

撒谎（lying）—— 一个人说谎的时候，是很难识别的。幸运的是，有些时候因为当时的情境无法为他们圆谎，真相会浮出水面。但有些时候，你认识到自己上当受骗时为时已晚。减小被骗的可能性的方法之一是，牢记攻击型人格者在没有得到自己想要的东西之前是不会收手的，你可以预料到他们一定会撒谎和欺骗。要记住的另一点是，操控——隐性—攻击人格——会倾向于采用微妙的、隐蔽的方式撒谎。他们建议法庭上的宣誓词应该是"说真话，说全部的真话，全部说真话"，因为他们太了解撒谎的套路了。操控者和性格障碍者的撒谎水平炉火纯青，接近艺术水平。

要记住非常重要的一点，各种类型的性格障碍者都会频繁地撒谎——有时只是闹着玩，也很容易说谎，即使有时候说出真相会更容易一些。刻意忽略是操控者采用的一种非常微妙的撒谎形式，歪曲事实也是。操控者会隐瞒大部分真相或歪曲重要元素，使你被蒙蔽。在治疗过程中，我遇到过有的人异乎寻常地用陈述一系列事实的方式来撒谎！通过只说真话的方式，怎么做到撒谎？他们只需遗漏一些重要事实，就会使你无法了解全局或"全部真相"。

歪曲事实中最微妙的形式是故意含混不清，这是操控者最喜欢的策略。他们仔细构思故事情节，留给你一个已经说明一切的印象，但是他们遗漏了一些关键细节，而这些细节有可能会帮助你了解更多的真相。

在艾尔和丹的故事中，丹在询问他的工作是否安稳时，艾尔没有告诉他全部事实。这是一个流畅的、算计的和破坏性的谎言。关于公司的安排，他故意说得模棱两可，他甚至可能已考虑到丹最终还是会了解全部真相，只不过那时已经来不及阻止他的计划了。

否认（denial）——就像前面提到的，这是攻击者拒绝承认他们确实做过有害或伤害他人的事情时会采用的策略，是他们（对自己也是对别人）在攻击意图上的谎言。"谁说的……我不是……"的战术使受害人在就攻击者的不当行为与其对质时，反而会觉得自己的做法不合理。这也是攻击者继续做想做的事情的通行证。同样，这种否认与刚刚失去亲人无法接受痛苦的现实而使用的否认机制不同。这种否认战术主要是一种对难以承受的伤痛和焦虑的"抵制"，首要的不是"防御"，而是攻击者的一种手段，为的是让对方撤退、让步，甚至是暗示对方在做的事情是错的，让其感到羞愧。

詹姆斯牧师的故事中，他否认自己野心勃勃，否认自己伤害和忽视家人，尤其否认自己孜孜以求的是个人目标。相反，他把自己视为光荣事业中卑微的仆人，设法说服他人相信（甚至包括自己）自己高贵而纯洁的追求。但在这一切借口之下，詹姆斯知道自己是虚伪的，如果婚姻问题恶化就得不到长老席位，他面对这一威胁时的反应证明了一切。当詹姆斯得知他可能得不到他如此孜孜以求的一切时，他经历了一个有趣的"转变"。突然，他觉得可以在周末暂时抛开主的召唤，觉得真的需要在婚姻和家庭生活上分配更多的时间。詹姆斯并没有被牧师的话唤醒，他还是对可能阻碍或促进他事业的事情保持高度的警觉意识。只不过他知道如果再不关注婚姻，他可能会失去真正想要的一切。所以，他选择（至少暂时）调整路线。

在乔和玛丽多次的对质过程中，乔对丽莎的治疗表现得麻木和冷漠。乔否认他具有攻击性，还成功地说服了玛丽，让她觉得攻击性实际上是责任心、忠诚度和父爱关怀。乔想要女儿成绩全优，玛丽阻止了他的计划。否认是他习惯性的策略，他用这个策略搬走了玛丽这个阻挡他的障碍。

选择性不注意/注意（selective inattention∕attention）——指的是当攻击者刻意忽略他人的警告、请求或愿望时，一般他们会拒绝注意任何可能导致他们偏离追求的事情。通常，当攻击者开始表现出那种"我不想听"的行为时，他完全清楚你想要他们做什么。通过使用这种战术，攻击者积极抵制，不愿意去注意和克制那些你想要他们做出改变的行为。

在珍妮和阿曼达的故事中，因为阿曼达对自己的行为不负责任，珍妮警告要取消课外活动的特权，她不听。老师告诉她需要提高成绩，她也不听。积极聆听和采纳建议是一种服从。但是，你可能还记得，故事里的阿曼达不是会轻易服从的女孩，有决不让任何事情阻碍自己的决心，也有必然能够战胜所有权威对手的有效操控技巧，阿曼达什么都听不进去。她没有任何听取建议的需要，在她看来，向那些在她看来不强大、不聪明、没有她能干的人的指导和意见屈服，只会让她失去某些权力和控制。

一些被标识为注意力缺陷的孩子会过度使用选择性注意作为一种操控和免责的手段。这些孩子表现出令人难以置信的能力，会在带来愉悦的刺激和兴趣或一些可取的任务和情境上，投入关注和持续的注意。一旦他们被问到一些不想听或不想做的事情时，他们就会将注意力转移到其他事情上。一个权威人物给出指导或方向时，他们转移注意力的表现尤其明显。他们的做法是一听到警报信号，就会开始用不注意的方式来反对。

与控制型人格者（尤其是孩子）打交道的过程中，我持续地感受到他们会利用选择性注意的策略完美地应对对手，处理当面对质的情况。尤其是他们被严肃地、强力地要求选择性地注意或关注那些麻烦的、讨厌的事情时，他们也会很好地处理。通常，控制型的孩子都是被愤怒的父母拖进一个治疗师的办公室的，他们并不想说话，也听不进去别人的话。我会让他们经历极度无聊和不安的一段时间（通过不和他们说话，不积极聆听他们的意见等方式），除非他们直接用眼神和我接触，除非我观察到清晰的迹象表明他们正在积极地关注。当进行到一个他们不是特别喜欢的主题时，他们眼睛看向其他地方，我就停止说话。当他们看回来，和我有眼神接触，表现出接受时，我就继续说下去。我称此技术为选择性谈话（selective speaking）。一个人如果努力听他们本不愿意听的话，关注他们宁愿避免的事情，就会赢得我的尊重。当他们真正聆听时，我总是会认可和强化他们的行为。他们努力的价值被认可时，自尊感也总是会增强。记住，一个人是无法同时表现出接受和抗拒的。所以，当一个人故意避开你时，你没必要浪费口舌，当他们停止抵抗（战斗），开始注意你的时候，你的话就有机会被他们听进去。

合理化（rationalization）——合理化就是攻击者从事那些他明知是不当和有害的行为的借口。这可以是一个很有效的策略，特别是当解释或辩解为攻击者提供了理由，任何理性的人都可能会信服时，合理化的功能就得以展现。这也是一个功能强大的策略，因为它不仅帮助攻击型人格消除为所欲为的内部阻力（减轻他们可能的良心不安），也瓦解了来自他人的阻力。如果攻击者能说服你，他们无论做什么都是合理的，那么他们就会不受任何干扰、自由地追寻目标。

在小丽莎的故事中，乔坚持让他的女儿做一个听话的、学习成绩全优的孩子，玛丽对此感到不安。她也知道，丽莎已经说过她想要把心理咨询作为处理问题的方法。虽然玛丽知道乔的强硬态度让自己感到不安，也对女儿产生了影响，但她还是允许自己被他的合理化解释说服，任何关切的父母应该都会比一些相对冷静的旁观者更了解女儿，他只是在履行父亲的职责，尽可能多地"帮助"他的"小女孩"。

当一个操控者真的想通过合理化取得进展时，他们一定会确保借口和其他的一些战术结合在一起使用。例如，当乔试图说服玛丽相信"兜售"威胁别人以达成目标的做法合情合理时，他还做出细微的暗示让她感到羞愧（羞辱没有跟他一样是一个"关切"的家长）和内疚（负罪感），因为她不像他那样认真负责。

转移（diversion）——移动的目标很难被击中。当我们试图盯紧操控者或试图把讨论集中在单一的我们厌恶的问题或行为上时，他们知道如何熟练地改变话题、避开问题或通过某种方式提出一个意想不到的新话题。魔术师们早就知道，如果他们能成功转移观众的注意力，你可能会错过他们把道具放进口袋或从口袋里拿出来的细节。操纵者通过分散和转移的策略，把我们的注意力从他们的行为上移开，让我们靠边站，自己继续自由地追求自私自利的隐秘目标。有时这种做法可能是悄无痕迹的。你可能与操控者在对质一个非常重要的问题，而几分钟后，你就会疑惑怎么就讨论到了现在这个话题上。

在珍妮和她女儿的故事里，珍妮问阿曼达是否交作业了。阿曼达并不直接回应妈妈提出的问题，而是将注意力转移到老师和同学如何对待她这件事上。珍妮被阿曼达带得偏离了主题，她从来没有得到那个问题的正面回答。

转移策略的另一个例子是丹和艾尔的故事。丹在问艾尔是否会用新人取代他时，艾尔转移了话题，开始关注丹的销售业绩是否理想这个问题——好像丹开始问的就是这个问题。艾尔从来没有给丹一个直接答复（操控者在这方面还真是臭名昭著），而是告诉丹一些让他感觉不那么焦虑，但会引导他偏离进一步追问这个问题的事情。艾尔留给丹的感觉是，他得到了一些答复，但他真正得到的是"搪塞"。

这一学年刚开始，我为解决儿子不认真做作业的问题，制定了一个必要的规则，规定他每天晚上把书带回家。有一次我问："你今天把你的书带回来了吗？"他的反应是："你知道吗？爸爸，我们明天不会测试，星期五才有。"我的问题简单直接，他却故意回避问题，转移注意力。他知道，如果他直接回答了这个问题，就要承担未能把书带回家的后果。他通过使用转移（也使用了合理化）的方法，为避免承担后果跟我斗争。每当有人对某一问题的回应不是直接的，你就可以做出肯定的推断，因为某种原因，他们正在设法回避你。

逃避（evasion）——与转移密切相关，操控者试图回避问题，为避免被提问逼入绝境而给出的长篇大论但无关紧要的回应。逃避策略中，一种微妙而有效的形式是故意模糊化（vagueness）。隐性一攻击者擅长给最简单直接的问题一个模糊化的答案。你必须有一只灵敏的耳朵，模糊化有时并不明显，你感觉得到了一个答案，事实上你没有。

我曾经问一个病人，他是否曾经被诊断为药物滥用。他回答说："我妻子带我去过一个机构，他们和我聊了一会儿，说我不用再去了。"这是一个充满逃避、模糊和刻意忽略的谎言，虽然他的话里也有些许真实的成分，但是完整的故事版本大不相同。事实上，迫于妻子的压力，他去过精神卫生中心初步面谈，参加了最初的评估会议，咨询师的结论是他确实符合药物滥用的诊断标准。随后，他被安排了跟踪小组和个人疗程。但是，他没有参与大部分的治疗过程，因在一次小组活动中迟到，治疗师批评了他，告诫他如果不能严肃看待这个问题，就不要再来了。但是，他在最初陈述的时候，希望我得到的信息是有人评估过他，然后"他们"（这个词本身就是故意模糊化的例子）给了他一个健康证明。

隐秘威胁（covert intimidation）——攻击者经常威胁他们的受害者，让他们焦虑、彷徨，处在低人一等的位置。他们擅长激情和强烈的反驳，有效地将对手抛向防守地位。隐性—攻击者主要以隐秘（微妙的、间接的或隐含的）方式威胁受害者。通过这种方法，攻击者使他人处于劣势地位。

玛丽·简的故事中，老板很清楚得到一份有利的推荐信对简找到一份新工作有多重要。他暗示性地威胁，如果她敢揭发他，就毁掉她为新工作所做的所有努力。在治疗期间，回忆自己与老板的几次当面对质，她记起老板曾多次隐秘地威胁过她。她明白了"现在找工作多难"可能不是他随口说的，也明白了当她提出加薪或表达出对他骚扰行为的不适时，他为什么会说"要认真考虑她的工作考核"。因为玛丽·简需要工作，所以处于低人一等的位置，老板用微妙的威胁使她处于更加弱势的地位，牢牢地控制了她。

本章最后要讨论的策略，对公开和隐秘的威胁来说都是非常有效的操控策略。但大多隐性—攻击者喜欢使用隐性威胁的方式来实现自己的目的。他们擅长印象管理、不漏痕迹地威胁，对隐性—攻击者来说，最重要的是既要得偿所愿，还要形象高大。

负罪感（guilt-tripping）——这是隐性—攻击者操控"装备库"最爱的两种"武器"之一（另一种是羞愧），是一种特殊的威胁策略。攻击型人格者非常清楚一件事，他们的良知与其他类型的人（尤其是神经症）相比有很大不同，他们也清楚健全良知的标志是内疚和羞愧的能力。操控者能够熟练使用他们熟知的策略，使自己看上去比受害者具有更多的良知，让受害者处于自我怀疑、焦虑和服从的地位。潜在的受害者良知越健全，内疚作为一种武器就会越有效。

在珍妮丝和比尔的故事里，比尔知道当珍妮丝没有投入足够的时间和精力照顾他和孩子时，她就会感到内疚。一旦她想离开，他就用这一点留住她。他在电话交谈中使用一些温和的负罪感策略，他提到了孩子们怎么样，他有多孤独。当这些操作失败，他使用终极的负罪感策略，一个有良知的守护者怎能忍受自己成为导致他人死亡的罪魁祸首呢？

所有类型的攻击型人格者都会频繁地、有效地使用负罪感作为操控策略，我认为这一点能够说明攻击型人格与其他人格类型（尤其是神经症）本质上的差异。操纵者要做的是提醒有责任心的人，他们不够关心他人、太自私等，从而开始有不好的感觉。

羞愧（shaming）——这一技术是使用巧妙的嘲讽和贬低，增加对方的恐惧和自我怀疑。隐性一攻击者使用这一策略让别人感到自己的不足，从而让他们尊重自己。这是促使弱势的一方持续感到自己的不足，从而使攻击者保持优势位置的有效方式。

乔大声宣布"好"家长都会像他一样为丽莎做这些事，他巧妙地暗示玛丽，如果她没有努力做同样的事情，就会是一个"坏"家长。他"诱使"她感到羞愧。这一策略很有效。因为接受了自己好像对女儿不够关心的观点，玛丽最终感到十分羞愧，甚至怀疑自己作为一个人，作为一个家长的价值，玛丽屈服于乔，从而使乔保留了对她的支配地位。

隐性一攻击者熟练掌握了羞愧策略最微妙的形式。有时他们仅仅用一个眼神、一种语调，用夸张的评论、微妙的讽刺和其他技术，就能诱使你因为胆敢挑战他们而感到羞愧。

我记得，当我表示丽莎在学校的考试成绩还可以接受时，乔试图羞辱我。他是这样说的："我不确定你是什么样的医生，获得了什么样的认证，但我确定的一点是，你竟然能够接受一个孩子的成绩可以像丽莎那样无端地下滑那么多。你应该给丽莎做一些专业测试，否则你不能完全排除她的学习障碍，是吧?"通过这些话,他企图诱使我为没有考虑到他问到的那些事情而感到羞愧。如果不是我已经开始怀疑他的所作所为,我可能会不假思索地接受这种诱导。

扮演受害者(play the victim role)——这一策略是把自己描绘成他人行为的受害者,以唤醒和获得他人的同情,从而获利。隐性一攻击者依靠的是那些没那么无情和敌对的人通常都看不得别人受苦。因而,这一策略非常简单。任何有责任心的、敏感的、关爱别人的人都有一个弱点,就是很容易表现出同情心。说服受害者,你在某种程度上正在受苦,他们会努力帮你减轻痛苦。还会有人比比尔(前文比尔和珍妮丝的故事)更擅长使用这一策略吗?看到他躺在医院的病床上,表现出感情受伤、十分绝望的样子,珍妮丝就已经受不了了,比尔不用其他策略就能引诱珍妮丝回心转意。

阿曼达和珍妮的故事中,阿曼达擅长扮演受害者的角色。妈妈相信她(阿曼达)是极其不公平待遇的受害者和毫无根据的敌意的目标。记得珍妮跟我说过:"有时,当她说老师恨她、我恨她的时候,我认为她是错的。但是如果她真的相信这些话呢，如果她真心相信我讨厌她，我能承受这些后果吗？"我告诉过珍妮："阿曼达是否相信这些曲解已经无关紧要。她操纵你，是因为你相信她对自己的话确信不疑，并使这些话成为她毫无约束地攻击的借口。"

诋毁受害者（vilify the victim）——这一策略经常和扮演受害者的策略结合在一起使用。攻击者利用这种策略使他看起来像是受害一方在回应（保护自己）攻击，它能使攻击者更好地将受害者置于防守状态。

再回到阿曼达和珍妮的故事，当阿曼达指责母亲恨她、"总是说一些刻薄的话"时，她不仅诱使珍妮感觉在"欺负"自己，同时成功地"欺负"珍妮到退让的地步。与其他策略相比，诋毁策略是一种更强大的手段，使人无意识地处于防守地位，同时还掩盖了攻击者的意图和行为。

扮演仆人（play the servant role）——隐性—攻击者使用这个策略，打着为崇高事业服务的幌子，掩饰自私自利的目的。这个策略很常见，但很难识别。隐性—攻击者假装在为别人的利益努力工作，实际上掩饰了自己的野心、对权力的渴望和对统治他人的地位的追求。

在詹姆斯和简的故事中，詹姆斯多是以不知疲倦的仆人的形象出现。他热情地参与远超职责范围的活动，但如果全心服务他人是他的目标，又如何解释詹姆斯习惯性地忽视家庭到如此严重的程度？作为攻击型人格者，詹姆斯不会服从任何人，他唯一服侍的主人，只有他自己的野心。

扮演仆人的角色不仅对詹姆斯来说是一个有效的策略，也是各类腐朽的牧师体系建立的基石。我想起最近的一个真实例子，著名的电视布道者把自己锁在一个房间里，声称要表现对上帝的"服从"和"服务"。他甚至将自己描绘成甘愿牺牲的羔羊，做好了"被上帝带走"的准备。如果不是出了为全能教招标筹集八百万美元的事，他会一直声称自己是一个卑微的仆人，听从主的召唤，为了拯救所在的物质世界而奋斗。

最近另一则关于电视布道者的丑闻，导致教会的管理层谴责了他一年之久。但他告诉信徒，他会继续牧师事业，因为他必须忠于耶和华（上帝与他交谈，告诉他不要放弃）。牧师显然在挑衅教会组织的权威，但是他展现出对"最高"权威谦卑顺从的样子。隐性—攻击行为的标志性特征之一是大声奉承的同时力争主导地位。

诱惑（seduction）——隐性—攻击者擅长优雅地、颂扬地、奉承地或公开地支持别人，只是为了让对方降低防御心，相信自己的信任和忠诚。隐性—攻击者尤其意识到，对情感空虚和依赖（包括大多数不是性格障碍的人）的人来说，某种程度上来说，认可、安慰、被重视和被需要，比什么都更需要。他们会表现出对内心需求的重视，获得凌驾他人之上的令人难以置信的权力。

在艾尔和丹的故事中，艾尔是完美的诱惑者。他了解你最需要什么，通过给予你最需要的东西，化解掉任何可能阻碍你付出忠诚和信任的抵抗。他也知道你有多想感觉到有价值和被重视，所以，他常常会向你强调你的价值和重要性。除非你变成符合他要求的样子，否则你真的不重要。

推卸责任/责备他人（project the blame/blame others）——攻击型人格者总是寻找途径，转移对他们的攻击行为的责难。隐性—攻击者不仅会熟练找到替罪羊，他们还擅长用微妙的、难以觉察的方法寻找替罪羊。

珍妮丝和比尔的案例里，比尔酗酒。不仅如此，在很长的一段时间里，他一喝酒就会做出一些暴虐的行为。当珍妮丝提醒他关注这些事情时，他并没有全然应战。但是，他确实认真"指出"，只在感受到她的"不支持"时才会开始喝酒，只有在喝酒的时候，他才会做出她不满的事情。他没有直接这样说，而是指责珍妮和酒精是他酗酒的原因。他因为酗酒指责她，本身就是一种虐待行为。这进一步说明，攻击型人格者使用这种或其他任何一种我们一直在讨论的战术的那一刻起，他们就已经发动攻击了。

假装无辜（feign innocence）——操控者会假装无辜，试图说服你他们所做的任何伤害都是无意的，他们真的没有做那些被指控的行为。这一策略是为了让你质疑你的判断，或许还有你的理性。有时，这种策略可以是微妙的、惊讶的表情，或者他们在对质问题时表现出的愤慨，甚至是一个让你再想想指控他们行为问题的合理性的表情。

假装无知或困惑（feign ignorance or confusion）——这一

策略与假装无辜紧密相关，操纵者表现得就像不知道你在说什么，或对一个你想让他注意的重要问题表现出困惑。操控者试图用"装傻"的方式让你质疑自己的理性。

所有类型的性格障碍者都倾向于使用假装无知或困惑的方式，给他们的恶毒意图蒙上面纱。记住，性格障碍，尤其是各种攻击型人格者，是目标导向的、目标驱动的人，他们会有意地、狡猾地、深思熟虑地使用这些策略。所以，当你面对他们时，尽管他们会经常声称"不知道你在说什么"或不知道为什么你会认定他们的行为是攻击，你要记住重要的一点是，不要相信他们没有完全意识到这种说法。

挥舞怒火（brandish anger）——把表达愤怒作为操控的策略之一看起来似乎有点儿奇怪，甚至是不恰当的。传统理论认为，愤怒是攻击行为发生之前一种无意识的情绪反应，这也是流行的愤怒管理理论的基础。然而，我的经验（也是其他研究者的经验）是，深思熟虑后表现出来的愤怒，对恐吓、胁迫以及最终的操控来说是一种非常适当和有效的工具。此外，在理解攻击型人格时，认为愤怒必然先于攻击发生是错误的观点，还要考虑攻击性的动机。在明显的攻击行为模式中，一个人用超过 40 千米/小时的最高限速的速度从 A 地开往 B 地，进入高速公路时，前面有一辆车用低于 16 千米/小时最低限速的速度行驶，他极有可能会愤怒。换句话说，受挫的攻击性会带来愤怒。攻击性的动机可能会吹响号角，打开闸门，释放各种愤怒和恐吓的表现，他会让前面的司机靠边，最终获得通行的空间。然后，世界恢复正常。

攻击型人格者用明显的愤怒恐吓和操控他人，然后，他们会用一切策略消除他们前进道路上的障碍。有时候，最有效的策略就是充分表现出情绪和愤怒，使对方受到冲击而屈服。

精神控制（gaslight）——近些年，一些学者提到精神控制是隐性—攻击型操控者（心理变态者）使他人处于不利状态的一种方式。这一术语来自 20 世纪 30 年代的舞台剧和悬疑惊悚片《煤气灯下》（*Gaslight*），剧中诡计多端的丈夫想要摆脱妻子，通过各种手段使她相信自己精神失常，需要住进疗养院。他在生活环境中做了一些手脚，包括慢慢地将煤气灯调暗，还说她是唯一认为这些事情实实在在发生的人。不仅心理变态者会使用这一特殊策略，而且隐性—攻击者使用的所有策略能够产生一些精神控制的效果，使受害者心中多少产生一些怀疑，不再信任自己的判断，而去认可操控他们的人，从而屈服于他们的权力和控制。

正如之前提到的，隐性—攻击者在操控的核心问题上会撒谎。"卑鄙"的斗争者会使用策略有效隐藏明显的攻击意图。受害者直觉上感受到，有人在攻击或者试图战胜自己，凭直觉处于防守状态。但是，因为找不到清晰的、直接的、客观的证据证明这一切，他们会怀疑和质问自己，最终会感到有点抓狂。这就是有效操控的秘密所在。操纵者知道，如果"目标"坚定地相信自己的直觉，他们很有可能会增加反抗而不是屈服。他们首先让目标怀疑，然后退让，采用跟他们一样的方式看待事情，接着放弃，最终陷入被利用和被控制之中。如果操控者也熟练掌握"印象管理"的技巧，就能展示非凡的魅力，给别人留下好印象，中招的人可能会感到更加抓狂。他们可能会对自己说："也许我真的是大错特错了。毕竟，每一个人都喜欢他们，跟他们观点一致。"所以，从某种意义上说，几乎所有的操控在某种程度上都会产生精神控制的效果，所以早期版本中，我没有将它作为一种单独的操控策略列举出来。

精神控制可以是故意的或偶然的，也就是说，操控者会有意地让他人感觉疯狂。精神控制是一种伤害他人或过度影响、控制他人的方式。受害者也可能被强有力的策略操控，最终沦为被精神控制。不管是有意还是无意导致这一结果，精神控制总是会有相同的效果。有时，隐性—攻击者伪装出来的强硬和坚定就可以产生精神控制的效果。当他们被正当怀疑和对质时，有些操纵者不是简单地否认——他们坚决地否认。如果他们将强烈否认与其他战术结合，像假装义愤填膺（假装他们是在真实合理地防守受害者的卑劣行径和意图），精神控制的效果会增强。这种策略的脚本很简单：当明知别人质疑的正是你性格中令人讨厌的一面时，你还是表现出一副受到攻击和伤害的样子，要坦然和坚决地反问质疑的合理性。这是一个简单的但往往十分有效的脚本。

操控者集合的策略越多，精神控制的效果越明显，而操控者让对方对自身和判断力的怀疑会加强这一效果。但是有一些人格不容易受到这一策略的影响。所以当一个操控者感到这一策略有些效果，但是效果还不理想时，他们就会采取一些额外的措施：发动一种有魔力的攻击，使被精神控制的受害者因为他们对施虐者的情感和态度，而感到更加孤立和孤独。他们也会重构整个事件过程的前因后果，巧妙地引导亲戚朋友按照他期望的方式记住事件的发生过程，然后指出只有被控制者的记忆与他人不同。他们会曲意逢迎，建立联盟，使精神控制的目标感到孤立。一些专业人士为这些行为起了各种各样的名称，包括目前流行的标签"街头剧场"。不管这些策略有什么样的标签，它们的目的和效果都是相同的：让对方相信只有他一个人是这样想的，又没有合理的理由让他们相信内心的感觉或直觉是正确的，他就会把你牢牢控制在他的影响之下。

精神控制是一种并不少见的策略。有些性格障碍者不断出轨，又不想让爱人察觉，想要保持婚姻关系就会用这种策略，诱使爱人将非常合理的怀疑视为自己太过"偏执"。他们通常将精神控制手段与其他手段结合使用，如羞辱、负罪感或假装无辜/无知。中招的人不仅会产生一种确实是自己错了的想法，还会认为自己是世上最差劲的人，竟然会怀疑对方对自己做的那些事。

受害者会质疑他们的感知、判断、感情、理性，甚至在离开了施虐者很长时间之后，都很难恢复平衡的自我意识。有许多受害者写信给我分享这些经验，遗憾的是，还有很多人告诉我，他们在恢复的过程中会受到各种阻碍，因为他们想要寻求专业机构的帮助，而有的机构对情感虐待的程度及对心灵的创伤并不了解。受到长期和强烈的精神控制的受害者往往需要专业的救助，不仅是安慰他们不要再像操控者让他们感受的那样"疯狂"或执迷不悟，更多的是需要确信（虽然确信本身有很多意思）他们可以更客观、公平、可靠地判断自己的性格，还有那些可能再次与之建立联系的人的性格。他们想要再次感觉到信任（尤其是自己的判断），知道什么时候要信任自己的判断，该如何安全地信任自己的判断。对所有人来说，亲密关系中的信任都是非常重要的，对被极端形式操控的受害者，尤其是被精神控制的受害者来说，恢复对自己和对人性的信仰的过程中，信任都是一个关键要素。

我已经展示了隐性—攻击者用来操纵和控制他人的主要策略，它们通常很难被识别。尽管所有攻击型人格者都会倾向于使用它们，隐性—攻击者还会熟练地、巧妙地和老练地使用它们。如果应对隐性—攻击者的人想要避免被利用，就需要提高对这些策略直觉水平的敏感程度。

　　真正重要的是，当有人频繁使用这些策略时，你不仅要能识别，还要准确地识别你应对的是什么样性格的人。因为使用这些操纵的工具，同时也是抗拒改变的表现，你也会知道他们还会表现这些问题行为。随着时间的推移，事情会有所改变，你还是放弃这种幻想吧。除非他们决定停止斗争，开始学会接受，否则事情是不会发生任何改变的。然而，只要他们还在使用这些策略，很明显他们就是不打算改变的。

第十章

如何与控制型人格和谐相处

人类交战最基本的规则是由攻击者制定的。这是因为一旦被袭，地位弱化，内心失守，任何攻击形式（包括隐性—攻击）的受害者总是忙于建立有利于自身的力量平衡。所以，似乎是任何愿意"先发制人"的一方，制定了交战的初始条款。

如果你开始就处于弱势，就不可能有效地应对对手。所以，如果你想避免成为隐性—攻击者的受害者，你必须迅速采取行动，重新制定交战条款。要确保生活中的频繁竞争是公平的，为了避免受害，必须注意以下几点：避免对人性的错误解读；知道如何正确评价他人的性格；有清晰的自我认知，尤其是认识性格中更容易被操控者利用的弱点；正确识别和标注操控策略，恰当地做出反应；避免必败之战；把精力用在力量之源上；自主生活；公平斗争。不管攻击者或隐性—攻击者使用何种有力策略，遵守这些指南有助于你在人际关系中处于更强势的地位。

避免对人性的错误解读

隐性—攻击者擅长使用各种手段，毫不费力地将我们蒙在鼓里。正如之前多次提到的，许多传统的关于人性的观点，很容易让我们陷入操纵和利用的陷阱当中。其中一个重要的误解是，每个人在本质上都是一样的。这一误解被普遍接受是因为传统理论（神经官能症理论）的广泛影响，该理论的前提是每个人在某种程度上都是有神经症的。重要的一点是，性格障碍与一般的、功能性的神经症有很大区别。就像前面提到的，两者的行为表现方式不同，多年的研究也证实，甚至两者的思考方式都不同。攻击型人格者与其他多数人格类型者也大不相同，他们的世界观和行为准则不同，受到不同动机的驱动，受到相同事件的影响结果不同。事实上，大多数人都会被教导为什么这样做、如何做，但是这些常识并不适用于攻击型人格者。

知道如何正确评价他人的性格

要想真正避免受害，就要识别生活中那些具有攻击型和隐性—攻击特质的人。现在，没必要用一个复杂的临床分析来了解人的基本性格。跟这本书的标题里的寓意一样，耶稣说："看树看果实，看人看作为。"人与人之间惯常性的互动方式定义了攻击型人格和隐性—攻击型人格。所以，如果你应对的人总是强迫你按照他们的方式行事，总是想"赢"，总是想占上风，不接受"不"的答案等，你完全有把握推断出你正在应对一个显性的攻击型人格者。如果你正在应对的人很少给你一个直接的回答，总是在为伤害别人找借口，试图让你感到内疚，或使用其他手段让你处于守势，让你遵循他们的方式行事，你就可以断定这个人——不管他可能会怎么说——就是隐性一攻击者。

有清晰的自我认知

攻击者的真正优势是足够了解受害者的性格，知道受害者可能会对使用的策略做出怎样的反应。他可能知道受害者会因为证据不足而假定操控者是对的，相信他的借口，不确定他是否意图险恶。他可能知道对方的责任心，知道如何有效使用羞耻和内疚让其让步。操控者通常会花时间找到受害者的特征和弱点。

如果操控者足够了解你，自然就会获得操控的优势。也说明你越了解你自己，就越要努力克服自己的弱点，这样你在交战中获得的优势才会更多。当你审视自己的性格时，有几点要注意：

- 天真（naiveté）。有些人很难接受别人是狡猾的、奸诈的、无情的，你可能也是其中之一。尽管直觉告诉你操控者存在于你的生活当中，你还是难以接受，也就是说，你甚至可能倾向于像"神经症"般地否认操控者的存在。如果你是一个天真的人，大量证据摆在你面前，证明你正在应对一个无情的聪明人，你还是会拒绝相信，不愿接受现实，直到多次成为受害者之后，你才有所觉醒。

- 太过尽责（over-conscientiousness）。问问你自己，你是否是一个对自己更严格的人。在证据不足的情况下，你可能更倾向于信任操控者。当他们做了一些伤害你的事，让你处于防守状态，你可能会去责备自己。

- 缺乏自信（low self-confidence）。你可能是一个过于自我怀疑，经常不确定是否有权利去追求合法需求，你可能对自己直接和有效地解决冲突的能力缺乏自信。如果你是这样的，可能会过早放弃维护自己，受到攻击型人格挑战时，也很容易处于被动防守状态。

- 过于理智（over-intellectualization）。你可能是一个努力去理解别人但是又什么都理解不了的人，如果你还是一个假定人们只在有合理可信的理由的情况下才会伤害别人的人，你可能会让自己相信，只要了解和理解操控者行为的所有原因，对他的看法就会有所改观。有时候，过于关注某一行为的原因，你可能不经意间就原谅了他。还有些时候，你可能会集中精力了解正在发生什么，而忘了有人只不过想要获得优势，你应该投入时间和精力采取必要措施保护自己，让自己强大起来。如果你过于理智，可能会很难接受一种简单的哲学，即这个世界里有些人就是好斗，就是想获得他们想要的东西，除此之外没有任何理由。

情感上的依赖（emotional dependency）。你可能会是顺从型性格，这源自内心深处对独立和自主权的恐惧。如果是这样，一开始，你就可能会被那些看上去更自信的、独立的攻击型人格吸引。在跟他们接触的过程中，你可能倾向于让这些人支配你，因为你害怕，一旦站起来反抗就意味着被"抛弃"了。你对别人情感上越依赖，你就会越脆弱，会更容易被别人剥削和控制。

即使你没有处于操控关系中，认识和克服上述性格缺陷也是有价值的。但是，如果你正处于操控关系中，改掉缺点会使你减少受害的风险。

正确识别和标注操控策略

你要预期操控者为了获得优势会对你做什么，用心了解所有的策略，仔细观察和倾听，要坚持不懈地观察和分析，一旦检测到它们，立即给策略贴上标签。不管操控者使用什么样的策略，记住几条基本规则：首先，不要让策略动摇了自己。头脑中要强化一个观点，操控者就是为了某事而斗争。其次，反应完全要基于你合理的需要和需求，对他们做的事情不要做出本能和防御性的反应，要保持自己独立、自信的立场。

一位母亲最近告诉我，她觉得自己就是个傻瓜，在儿子的操控下，她对儿子在学校的不良表现做出了让步。当儿子说"我只是再也受不了了""或许，我应该走得远远的"（扮演受害者的角色，进行隐秘的威胁）时，她告诉自己："他受的伤害比我想象的要多，或许我在使他的问题恶化。我是一个坏人吗？或许我需要让步。"她没有想过"他在为保证自己的自由而努力斗争，他假装成一个受害者，还试图威胁我"。

避免必败之战

操控关系中的受害者往往会困惑、失望和沮丧，很难清晰地思考、理性地行动。他们经历的压抑由一些行为产生，我认为这也是大多数抑郁症的重要成因。也就是，一旦我们坚持在必败之战中努力，无力和绝望的感觉就会随之而来，最终导致抑郁症。操控行为的受害者经历的"必败之战"，经常是那些试图改变操控者的斗争。他们不断试图想明白说什么或做什么能让操控者的行为有改变，他们投入相当大的精力，努力让改变发生，但他们没有能力做到，最终深陷其中，难以自拔。必败之战不可避免地会引起愤怒、沮丧、无助的感觉，最终导致抑郁。一旦抑郁，被操控的受害者就失去了维护自己心态的力量。

把精力用在力量之源上

只有当你愿意将时间和精力投注在力量之源——你自己的行为——上时，与攻击型和隐性—攻击者（或者任何人格）冲突的过程中才会取得进展。因为，让自己全神贯注地做那些必然能够带来成功体验的事情，是令人兴奋的经历，也是重建信心的过程。你越自信，越有活力，你在应对手头困难的过程中，获得成功的机会就越大。

对一些人来说，必须改变自己的行为来改善与操控者的关系，这一观点很难接受。一般来说，受害者在隐性—攻击者那里受到的折磨让人筋疲力尽，他们对操控者有很多愤怒，他们觉得不是自己需要改变，而想要操控者发生改变，想要操控者为自己的不当行为"付出代价"。只有他们开始体验到自己的有效行为带来成功后，才会开始重视投资唯一自己绝对能够掌控的领域——自己的行为。

改变自己与隐性—攻击者的关系从来都不是容易的事情。

但有一些基本原则，如果遵守了，与操控者共处的生活就会简单很多。因为它们会帮助人们维持在人际关系中的有利地位，我称之为个人力量工具：

不接受任何借口。不要接受攻击行为、隐性—攻击行为或不当行为的任何借口（合理化）。如果某人的行为是错误的或有害的，任何理由都不重要。即使手段合理也不能令结果正当，所以，不管一个人的"解释"使问题行为看上去多合理，都不要接受它。记住，提出借口的人是在试图保持他们原本逐渐失守的立场。从开始"解释"的那一刻起，他们就是在拒绝向文明准则屈服，并试图让你臣服于他们的观点。因为他们抗拒屈服于原则，可以确定他们还会再次出现问题行为。

一旦停止接受借口，你就会更直接地面对不当行为，识别这样的行为是什么，让操控者明白，尽管你尊重他为说服你接受你蔑视的那些行为所做的努力，但你不接受任何借口，也不要被任何借口影响。这有助于你发出明确的信号：绝不容忍这种问题行为的发生。

在玛丽和乔的故事中，玛丽真心相信她对乔的过度苛求是一个问题。然而，她全神贯注于他的合理化解释，受到他微妙的羞辱和负罪感的策略的影响，却不会直接质疑他。最终，她逐渐自信地站在他面前，这样跟他说："乔，我认为你对丽莎的要求太多，太残酷。我不支持你继续这样做。你说你的行为有合理的理由，对我来说这些已经无所谓了。在我看来，你就是太过分了。"

面对他的顽固和冷酷，玛丽恰当地将乔的行为标记为攻击性的和有害的，将他的"解释"视为无关紧要的。她一直专注于他的不恰当行为，保持对问题的清晰认识，而不是被合理化策略动摇，玛丽对自己的立场更加自信和确信了。

判断行为，而不是判断意图。不要试着"读心"或猜测为什么这个人做了这件事，尤其是他们做了一些伤害别人的事情时。这是你没有办法真正了解的，而且最终也是无关紧要的。捕捉攻击者脑海中发生的事情往往会导致对真正相关的问题的偏离，判断行为本身才是最重要的。如果一个人的行为在某种程度上确实是有害的，注意这个问题，应对这个问题就好。

这个原则的重要性不能被夸大。记住，隐性—攻击者使用这个策略作为印象管理的有效工具，让你怀疑自己对对方本性的判断。所以，如果你的观点是基于你对意图的猜测或被各种策略动摇，你对应对的那个人的性格的了解是不真实的。行为模式本身就能给你提供判断性格的明确信息，过去的行为是判断未来行为的唯一可靠依据。

在珍妮和阿曼达的故事中，当珍妮第一次来见我时，一旦阿曼达行为表现失常，她就总是试图弄清楚阿曼达的意图和目的，阿曼达口头攻击发生的时候尤其如此。我记得珍妮跟我说过："阿曼达对我大喊大叫，告诉我她讨厌我，我认为她不是真的想伤害我。我想她的意思是她很受伤，因为她想念爸爸，没有人可以让她倾注感情。"现在，虽然珍妮有些话被证明是真的，但是这相比于阿曼达的显性和隐性—攻击模式的升级来说无关紧要。珍妮无意中强化了阿曼达的观念，让她以为每当她想从别人那里得到什么的时候，就可以采用情感威胁的方式让别人屈服。此外，珍妮将注意力聚焦在如何猜测阿曼达的潜在意图上，她没有看到阿曼达主要是在攻击她。看不清他人策略中的攻击性是一个人被操控的原因。阿曼达和珍妮最终澄清和解决了许多猜测的问题，但是这发生在阿曼达的没有约束的攻击被牢牢控制之后。

设置个人边界。在人际关系中越有力，就必然要对两种行为做出边界的设定。首先，你必须确定别人的行为中，哪些行为是你在采取行动反击和/或决定绝交之前还会容忍的。其次，你必须确定你愿意并且能够采取什么样的行动来更好地维护自己的利益。

在简和詹姆斯的故事中，简觉得要告诉詹姆斯，她不会继续容忍他对家庭的忽视，但她没有。她不仅没有在他的行为上设置任何合理的边界，也没有在自己的行为上设置合理的边界。这样，她就没有确定自己能继续承担的照顾家庭的负担有多重。简最终为双方设定了一些限制。命运伸出援手帮了她一把，詹姆斯调回到不再那么繁忙的职位上，简让詹姆斯知道，如果他不能很好地履行丈夫和父亲的职责，那么她将来也不会支持他继承教会的席位。同时，她也很清楚她再也不会被操控着承担过多的照顾婚姻和生活的家庭责任。

直接请求。当提出要求时，明确你想要什么，使用"我"语句，尤其是你不喜欢什么，你期待什么，或者想从对方那里得到什么，使用诸如"我要你……"或"我不希望你……了"的句式。

珍妮丝和比尔的故事中，珍妮丝想要一些独处的时间，了解自己的感受，评价她的婚姻状态。但是，她没有告诉比尔她究竟想从他那里得到什么。她其实可以说："我需要四周时间。我希望你近期不要打电话给我，如果有紧急情况，打电话给我妈妈。"

发出直接和具体的请求有两个好处。首先，它给操控者较小的空间去曲解你的需求或期望。其次，如果直接合理的要求没有得到直接合理的回应，你就已经知道操控者在与你斗争，计划与你对抗，寻找一切方法阻止你，这就为规划下一步行动提供了有价值的信息。

只接受直接反应。一旦你明确地、直接地提出要求，就要坚持得到一个清晰的、直接的答案。没有得到回复，就再问，不要带着敌意和威胁，但要郑重声明，你提出的问题很重要，理应得到直接的回应。

在丹和艾尔的故事里，大家都在传播新人上任可能会威胁到他的工作的消息，丹想要知道这是不是真的。但是，丹并没有直接和明确地提出他的担忧，也没有坚持得到艾尔直接的回复。例如，如果他直接问艾尔，是否有一个新人要来上任，简短的"是"或"否"的答案在某种意义上就是一个明确信息，但艾尔想要回避这个问题。最直接和恰当的问题可以用一种简单直接的方式来回答。如果你得到了多于或少于你想要的回答，或者得到了一些毫无关联的回答，你就可以假设，至少在某种程度上，有的人正在试图操控你。

集中精力于当下。专注于当下的问题。操控者可能试图用牵制性的、逃避性的策略让你偏离正轨，你千万不要被那些策略引导，与正在对质的问题行为相偏离。无论在你身上运用什么样的策略，你都必须努力保持专注。

不要提及过去，也不要预测将来，活在当下就很重要。除非当下发生变化，否则不会有任何变化。即使当下确实发生了一些变化，也可能不会持续很长时间，因为老习惯是很难打破的。专注于你想要的东西，不要让任何诱导性的策略把你带到另一个时间和地点上去，集中精力在当下，别人就很难操控你。

一次，在我的办公室里，珍妮就阿曼达虐待性的说话方式进行对质。阿曼达很快就提起珍妮在前几天是怎么严肃地威胁她的。虽然不知道阿曼达的话指的是什么，但常见的错误是将阿曼达的投诉视为相关的问题，珍妮跑题般地开始讨论自己前一天做了什么、说了什么，让阿曼达不开心。在她明白过来之前，珍妮已经忘了她要做的是对质阿曼达虐待性的说话方式。

但是，这一刻还是来了，珍妮能在问题发生的当下立即对质阿曼达的行为，聚焦于某一问题，直到问题解决。有一次，阿曼达对珍妮大声说话，珍妮说："阿曼达，除非你改变语气，否则我不会继续跟你说话。"听到这里，阿曼达高喊："但我是好好说话的呀！"她看上去很受伤的样子，开始扮演受害者的角色。然而，珍妮用我在她身上见过的最坚定的语气回应："我现在要在外面待一会儿，几分钟后我会回来，看看那时你是否愿意用文明的方式跟我讲话。"阿曼达受到一个相当有用的反思性的惩罚。当珍妮回来时，阿曼达讲话文明多了。

关于专注当下，我要讲的最重要的一点是，性格障碍者行为上真正做出改变就是在惯用的策略被人当面质疑时。只有一个人表明他愿意终止惯常的操控、借口和其他形式的逃避责任的行为，开始显示一些亲社会的行为时，才有理由相信他正在变得更好。承诺没有任何意义，一厢情愿地相信承诺更是愚蠢。只有在当面对质时，表现愿意做出改变行为的意愿（而且不止一次），才能给事情带来改变的希望。

面对攻击性行为时，明确攻击者应承担的责任。这可能是最重要的，最需要记住的一点。面对攻击者（或性格障碍者）的不当行为，不管他们可能使用什么策略让你承担责任，你都应该持续关注他们对你的伤害，不接受他们为转移谴责或责任所做的努力，坚持要求他们做出行为上的修正，忽略他们可能使用的任何借口，别让他们回避问题。当有人做错了，改变就必须由过错方来承担。所有这些，可以不用微妙的羞辱、敌意、挑衅的方式进行，一直坚持要求对方在行为上做出改变就够了。

例如，简可能直接跟詹姆斯对质他对家人的忽视这一问题。她可以说："詹姆斯，我想让你告诉我，为了更好地平衡你在职业生涯和家庭义务的投入，你愿意做些什么?"如果詹姆斯躲避问题，或使用任何他喜欢的策略回应，她就应该直接回到问题本身，持续关注，直到他承诺做些什么来解决这个问题。

对质时要避免讽刺、敌意和贬损。攻击型人格者总是在寻找开战的借口，所以，他们会将任何形式的敌意解释为"攻击"，理所当然地启动战斗状态，还会攻击对方的人格，使用喜欢的防御策略（例如，否认、选择性不注意或指责他人）"诱敌深入"。不必畏惧必要的对质，但对质的方式一定要是坦率的、非攻击性的，仅仅聚焦于攻击者的不当行为。不掺杂诽谤和诋毁的对质是一种艺术，也是和操控者打交道的一种有效且必要的方式。

避免做出威胁。制造威胁是一种企图操纵别人，改变他们的行为同时避免使自己发生显著变化的尝试。不要威胁，只需采取行动。不要与攻击者抗衡，你只需保护自己，保证自己的需求。

珍妮丝多次威胁要离开比尔。她这样做，不是因为真的打算采取行动，更多是因为希望离开的"威胁"足以动摇比尔，让他发生改变（这本身就是一种操控策略）。但是比尔最终识破这些威胁，让威胁的效力大打折扣。当意识到自己遭遇威胁时，他就会用一种微妙的、隐蔽的方式反威胁，甚至愿意用自杀的"威胁"回应珍妮丝出走的威胁。最后，他的威胁最强，珍妮丝只能放弃。

快速行动。刹车失灵的火车正滚下山坡，最佳的制止时间是它刚开始翻车的时候。一旦事态严重，再采取有效的行动就太晚了。类似的比喻也适用于攻击型人格，他们缺乏内部的"刹车"装置。一旦攻击者狂热地"追求"目标，就很难阻止他们。如果你要成功地抓牢他们，或对他们产生任何影响，那么首先你需要在他们行动的初期就采取行动。意识到别人使用了一些策略，你就要准备好去对质，对其做出反应，迅速采取行动，把自己从一个低人一等的地位解放，建立一个更有利于自己的权力平衡。这样，你会有更多机会摆脱控制，而且会向你的操控者传递一种信息，即你在用力抗争。

为自己说话。要用"我"语句，而且不要擅自替任何人说话，还要用其他人作为"盾牌"表达你的不安全感。在一对一的基础上应对你的"对手"，勇敢公开和直接地坚持你的需要。

在詹姆斯的故事中，简感觉请求詹姆斯支持孩子时比请求他支持自己舒服些。通过拿孩子当盾牌，她也传递了她在坚持自我上的犹豫。这是因为詹姆斯知道简害怕声明自己的需要，他可以通过持续的负罪感和羞辱来操控她。

做出合理的协议。要使协议恰当、可靠、可被证实、可强制执行，你期待对方尊重协议，你自己也要尊重整个协议。确保在协议中你不会做出难以实现的承诺，不强求那些明知不太可能的事情或不确定操控者会不会欺骗你的事情。

当你和攻击型人格者博弈时，试试尽可能创设双赢局面。这样做是非常重要的，也需要创造力和特殊的心态。但是以我的经验来说，它可能是最有效的赋予个人权力的工具，因为它把对攻击型人格者的赢的决心进行了建设性的利用。在攻击者看来，你们的对决会有四类结果。一是他们赢了，你输了。这个局面是他们最喜欢的。二是你赢了，他们输了。这种局面是他们最讨厌的，也是尽力想要避免的。三是他们输了，你也输了。攻击型人格者如此讨厌失败，如果他们输得很明显，他们会尽最大的努力让你也输。这是病态的，是极端冲突下用"同归于尽"的方式结束一切。四是他们赢了，你也赢了。这个情况对于攻击者来说，不如"他们赢了，你输了"的情况可取，但是作为第二选择，一定程度上也可以接受。

记住，攻击型人格者想要避免在任何事上的失败。所以，一旦你制定了一些条款和条件，其中至少有一部分是攻击者想要的，那你就成功了一半。找到和提出尽可能多的方式，能够让双方通过不同的做法，最终都能得到一些东西，打开通向与攻击型人格者和隐性一攻击者建立和谐关系的大门。

简可能对詹姆斯说："我知道长老委员会的一席之地对你意味着什么，但我也需要你的时间和情感支持。如果你能同意留下周末的时间，每周用两天的时间陪陪家人，我就会支持你的努力。"作为隐性一攻击者，詹姆斯总是会

"寻找任何机会"增加他成功的胜算。在这种情况下，简提供了一个方案，既可以满足他，也不会让自己失去需要的一切。

为后果做好准备。总是保持对隐性—攻击人格对赢的决心的警觉。如果因为某些原因，他们感觉自己可能要输了，他们就会为恢复上风而努力，为自己据理力争，为应对失败的可能性做好准备，并采取适当的措施保护自己。

为后果做准备的方法之一是预见性，提前对隐性—攻击者可能会做什么做出合理的预估。玛丽·简预见到，如果她要找另一份工作，现任老板可能不会给她一个有利的推荐。她能采取措施保护自己，可以向州或联邦政府起草一封正式的匿名举报信。她可以征求同事推荐，甚至可以研究一下临时找到一个不要求先前经验的工作的可能性，以防老板发现她的计划，"先发制人"解雇她。

另一种为后果做准备的方法是确保一个强有力的支持系统，从数量上增加安全性。即使珍妮丝不知道比尔已经做了什么，她也能轻易预料到他接下来会做什么让她回心转意。她可能会在互助小组或一个类似的组织中得到同伴支持。因此，她可能获得大量情感上的力量，去迎战那些比尔在她身上屡试不爽的负罪感和其他操控策略。

对自己诚实。了解和"掌控"自己的目标，确定你在任何情境下真实的需求和欲望。你对操控者的企图一无所知已经很糟糕了，对自己的需求也不诚实，可能会让你处于双重危险中。

珍妮丝和比尔的故事中，珍妮丝最大的需求是获得重视和尊重，这些需求真正地驱动着她。她很少或根本没有得到尊重，期望别人的认可来使她获得自我价值感。所以，当比尔说他需要她、孩子需要她时，她就很容易被操控。比尔知道如何操控她就像知道如何拉一把小提琴，他要做的是清楚地发出"认可"的信息，她就会对此做出回应。

在治疗中，珍妮丝更加意识到她有多渴望被认可，她频繁地寄希望于他人，特别是比尔，以求得认可，她也否认自己有提升自尊的机会。很多次，事情最终以获得或保持比尔的认可结束，但是事后她可能并不以此为荣。有时，抓到他与别的女人调情，她还是会让步。因为他说，她的重要性别人根本没法比，如果她更多地关注他，他是不会注意别的女人的。还有一次，她差点失去完成高等教育的机会，因为他说即使孩子长大了，也很需要有一个"全职"的妻子和管家。治疗结束时，她意识到自己的行为是一个自我设置的恶性循环，讨厌自己只会增加她对于认可的需要，最终她看清比尔为适应这一需要，表现出一副认可她做自己想做的事情的样子，从而在多年之内持续地操控她。

自主生活

在如何更有效地与操控者建立关系这个问题上，即便你清楚了解其中的准则并付诸实践，生活可能也还是会很艰难。然而，如果你对他们真正的目的、他们会做的事情以及如何武装自己保持高度的警醒，与他们共同的生活就会变得稍微好受一些，也会减少你成为受害者的可能性。下面的故事讲的是，一个女人在经历多年虐待性的婚姻关系后，终于找到了改变生活的勇气和方法。

海伦（Helen）不清楚为什么她想找我聊一聊。毕竟，她做出这个决定之前想了很多。但是，正如她所说的，她需要"验证"她的感受，获得走上正轨的"信心"。

她决定与一同生活15年的丈夫马特（Matt）分手。她说，分手只是计划的一部分。她会离开，远离日常的"干涉"，追求个人的目标。同时，她继续与他有联系。如果他能证明自己愿意并且有能力做出真实的和必要的改变，她可能留在他身边。如果他不愿或无法改变，她就会离开他。这个安排留了充足的时间，让她观察马特是否真的做出了改变。

"我不确定他是否会改变，"海伦断言，"但我知道我有改变。我知道不管还能不能与他在一起，我都能掌控自己的行为，我会做很多不一样的事情。"她继续说道，"例如，因为我知道他什么时候想利用我，如果必要的话，我会站定自己的立场。我不会再让他触发我的内疚，或用微妙的影射和威胁吓唬我。如果我付出，那一定是因为我愿意这么做，而不是因为我觉得有压力才这么做。"

海伦述说马特使用所有的策略就是想让她改变想法。"首先，他尝试用负罪感的套路，说我挥霍了 15 年的时光，说我要放弃婚姻的神圣承诺。然后，他试图羞辱我，向我重现了朋友、家人和邻居的流言蜚语。接下来，他使用扮演受害者的方法，想让我认识到阻碍他就是在'虐待'他！"海伦笑着继续说，"但是我没有被任何一种方法欺骗。每次他使用一个把戏，我就告诉他，我知道他想做什么，我不会让这个把戏得逞的。"

我问海伦，我们讨论的工具中哪一个最能有效地武装自己。她回答说："主要有两个。首先，我设置好我自己的边界，界定如果我们还想在未来继续走下去，哪些话说了会让事情恶化。然后我想到了一个双赢的办法，我告诉他，为了我们的生活，我会一直陪着他，前提是他真的愿意长期地改变自己的行为。你知道的，过去我们去咨询过很多次，但他总是说问题在我，每次都半途而废。现在，我知道他需要改变，也知道只有他自己愿意治疗并坚持下去，他才会认真对待这件事。所以，现在看他的了。他只需要做我期望的那些事情，我也完全相信他会来考验我的决心，但我知道我会坚持自己的立场。"

公平斗争

凯利（Kelley）是一位曾经应对过操纵型儿子的中年女人，她告诉了我一些关于如何恢复母子关系中权力平衡的信息。我问她治疗中最有用的是哪一部分时，她回答说："最有用的是：选择那些你愿意为之斗争的事情吧！这对我很有启发，我不再坚持每一次都要做斗争。真正重要的是无论他抛给我什么，我都会坚持自己的立场。我希望他来挑战我，我不会生气，因为我觉得我会更自信地处理好我自己。但是，现在我在斗争上更谨慎了。我对于注定要失败的斗争不会惊讶或挣扎，只是让它顺其自然。也许，我只是放弃了我可以控制他这一观点，只是设置界限，承担自己的后果。其余的，就看他了。"

凯利还告诉我，虽然现在与儿子斗争似乎还是不可避免的，但"斗争"的性质发生了很大改变。"我们现在的斗争更公开公正。我告诉他我在争取什么，并且不为我的争取感到抱歉。他也在斗争，但至少我知道他什么时候在斗争。知道我们之间真正发生了什么和我们期待两人之间发生什么，还是有很大差异的。"

　　对很多和我一起工作的人来说，凯利的话听起来真实可靠。一旦你真正了解人际关系中的哪些方面导致问题的产生，能够了解到斗争的频繁程度以及以何种方式斗争，可以预期斗争中会采用什么样的战术，知道如何应对这些策略以及如何照顾自己，那么，一切都会改变。

结语

希望爱永远不要成为情感操纵的借口

社会环境和人类的攻击

我们的攻击倾向和行为并不是天生就是邪恶的。纵观人类进化的伟大进程，只有最强的人类才能克服来自其他物种的威胁，克服人类各部落之间为争夺有限的资源而进行的战争的威胁。文明的曙光降临之后，攻击作为保障人类生存的工具的必要性大大减少。但就像人类长期战争的历史所揭示的那样，攻击性这个人类的本能仍会与我们同在，很有可能在某一时间再次降临。因而，如果想要成功地推进社会进程，我们需要改善文化和环境机制，帮助我们更有效地利用和管理攻击本能。

美国所处的政治、经济和文化环境会对攻击性的严重程度和表现形式有很大影响。资本主义在"适者生存"的自由经济形式下，鼓励个人在日常生活中通过放纵—攻击和途径—攻击竞争个人财富和保障财政安全。但是，这个系统也鼓励甚至奖励隐性—攻击。自由市场机制下，员工在"狗咬狗"般的工作场所，通常是没有安全或自由的。因此，相比于相互合作，员工通常互相竞争有限的公司资源、利益和回报。有时，这种竞争是公平守法的，能够使系统良性运转。事实上，公平和激烈的竞争是成就卓越的方案里的关键要素。然而，有时候，竞争是残酷的，伴随着卑劣、阴险、肮脏的行径，这些都是隐性一攻击的标志。我不是在贬低良性竞争的价值，但是"斗争"只有在有原则地、负责地进行时，攻击才能潜在地成就卓越。现在，能够公平竞争的品性正直的人太少了，现代社会缺乏必要的精神、伦理和道德的复兴。但是，长远来说，提倡合作相对于竞争原则对我们更有利。

现今的文化将成功置于瞩目的位置，人们忽视了为个人的成功和尊严而战的方式，对他人的攻击是——破坏性的、毫无意义——失控的。文斯·隆巴尔迪（Vince Lombardi）的名言"成功并非一切，而是唯一"，不仅是个人哲学的表现，也是现代文明的反映。之前，业余体育和职业体育成为精力旺盛的年轻人发泄天生的攻击能量的主要途径，通过团队合作构建起群体的感觉，通过掌握自律完善性格。现在，团队如果不能赢就不会吸引人来参与，有天赋的成员的个人技巧也往往会掩盖团队的努力，轻微的挑衅就会爆发混乱的争吵。

美国的开国元勋们有意让政治观领域充满激烈的辩论和竞争，以遏制政府的权力，防止任何一个政党的意识形态过度支配其他党派。现今，政治世界的斗争也是失控的。本该是一场就关键问题的激烈比赛，常常会发展成为两个对手之间毫无底线的混战，每个人都试图毁掉对方。政客发动的斗争主要是为了赢、持有权力，很少是为了努力维护基本原则，促进国家的安全与繁荣。难怪那么多隐性—攻击者在政治世界找到了立身之所。

在处理夫妻和家庭关系的工作过程中，公开和隐性—攻击的数量之多，攻击对人际关系的破坏性之大，监护权纠纷（斗争）的夫妻被隐性—攻击困扰的程度之深，都会让我感到困惑。他们互相报复，互相惩罚，互相贬低，互相摧毁——用的都是关心孩子的名义——让我感到吃惊。在许多情况下，孩子的利益从来都不是真正的问题，真正的问题是父母一方或双方的需要（报复、爱面子、辩护、金钱等）和他们对需要的渴求程度。

在生活的许多方面——政治、法律、企业、运动、人际关系等，美国已经沦为一个充斥着不道德的、不守纪律的斗争者的国家。这个过程中，我们很大程度上是在破坏自己、破坏社会。我们比以往任何时候都更需要重设一套规则，指导我们为了生存、繁荣和成功而行动。

学会负责

如果想要社会变得更有原则、有纪律，我们需要更好地教育下一代。在弗洛伊德时代，促进儿童情感健康的主要做法是要帮助他们克服恐惧和不安。现在，促进孩子情绪健康更多的是要帮助他们学会如何适当疏导和约束攻击倾向，承担起引领一种负责的社会生活方式的责任。

教给孩子们管理攻击性从来都不是一个简单的任务，具有攻击性人格特质的孩子可能会抵制我们试图让他们屈服的社会准则。为了确保我们的孩子更多地获得必要的自律，父母教会他们一些关于斗争的注意事项是很重要的。

首先，父母必须教会孩子什么时候适合斗争、什么时候不适合斗争，努力帮助孩子看清什么是合法的个人需要，什么是道德的价值观，什么是值得斗争的情境。父母还要帮孩子学会识别那些没有必要斗争的情境。当然，也可能有一些情形是，除了斗争甚至肢体斗争之外别无选择，比如明显的自卫。

其次，父母需要向孩子指导和演示不用斗争就能获得所需的办法，需要向孩子解释其他选择的益处，说明替代方案是什么，并演示如何使用它们。他们需要教给孩子公平、自律，教给孩子建设性的竞争和破坏性的竞争之间的区别。在传授孩子适当的社交技能之前，父母可能需要提高自己的意识，清楚这些技能是什么以及如何使用它们。

最后，父母应该帮助孩子了解攻击和自信之间的区别。他们应该小心，不要责骂孩子的勇气、活跃或者任性。父母需要认识到，孩子身上天生具有攻击倾向，但这并不一定就是坏的。没有适当的约束，攻击倾向才会导致高水平的社会冲突和失败。因此，父母需要向孩子说明怎样追求想要的东西，同时展示适度的自我克制，适当考虑他人的权利和需求，会带来长远的个人成就和伟大的社会进步。

教会孩子这些道理比什么都重要。美国的精神病患者收容机构里，满是年轻的严重性格障碍患者。不管精神诊断结果如何，大部分年轻人被带到这里是因为他们完全没有约束自己的攻击行为。

美国的几乎每一个州、每一天，青少年犯罪案件都大肆泛滥。长期以来，年轻人的显性攻击行为与法律冲突，隐性攻击行为也未受到任何约束，他们变成了富有经验的操控者。我们必须教给孩子什么时候斗争，比斗争更好的替代选择有什么，以及迫不得已时如何公正、公平地斗争。如果我们要在年轻人身上树立良好的品格，就必须做到这些。

性格危机

对权力、自我发展和主导地位的追求在每个人身上都或多或少地存在。不幸的是，在这片有无限机遇的土地上，越来越多的性格障碍者没有努力承担社会责任，没有使用有成效的方式，就想成功获得一切。所以，有些人满足于用暴力的方式争夺对街区的控制权，而不是让自己在激烈的市场中公平"竞争"利益。也有些人未能建成他们渴望建立的"体系"时，他们就会与其他反文化团体结为盟友，在为崇高理想而奋斗的幌子下进行斗争。美国已经成为一个思想错误、毫无纪律的斗争者泛滥的国度，不能团结在共同进步和繁荣的事业中，而是陷入"人人为己"追求权力和利益的圈套之中。这一切已经发展到了令人沮丧的程度。美国正在经历整体上的失败，最大的原因是因为性格健全的人越来越少。

过去的几十年间，社会上出现了一个最令人不安的趋势。真正的病理水平的神经症逐渐消失，性格障碍成为一种司空见惯的现象，少数功能水平良好的神经症患者承担的能促进社会发展的责任急剧增加。与此同时，倾向于逃避社会责任的性格障碍者承担的社会责任则显著下降。如果这种趋势持续更久，社会就不能保证其完整性。

另一个令人不安的趋势是那些已经担负社会责任的人不堪

重负，导致社会对法律日益增长的依赖，越来越多地用法律来限制和规定个人行为，解决社会功能障碍。有言道："你不能对道德立法。"虽然这一说法经常被忽视，因为过于简单而被批评，但它确实反映了一个真理。性格良善的个体不需要法律来指示他们哪些是道德的行为，而性格有缺陷的人又根本不重视和尊重法律。

每次去州立刑罚机构开展培训、执行评估或进行咨询时，我都会看到大型标语上赫然写着"禁止枪支、毒品、烟草制品或非法物质靠近"。我总会异想天开地问自己，标志上警告的是谁，是不会参与标语中禁止活动的那些负责任的人吗？然后，我就会边笑边想象，一个从事非法贸易和买卖的人看到标语后，会转身走开，低头不语地回到车里。

颁布更多的法律、规则和条令不是解决社会弊病和性格危机的方案。这样的做法限制了我们尤为珍惜的自由，而自由又对社会的繁荣负有重要责任。进一步，性格有瑕疵的人总是会找到避开法规的方法。只有当正直的人成为社会的主体时，社会才会发展成为一个有道德感的、功能良好的社会。

早在 20 世纪 60 年代，美国上下都在号召找到贫困的"根本原因"，完全清除贫困。在这片富裕的土地上竟然有那么多人缺少人类生存的必需品，人们似乎对此感到愤怒。之前似乎没有过类似的案例，没有出现过对性格危机的愤怒直接导致社会功能失调的情况，也没有出现过公开宣布某一问题解决方案没有显著成效的情况。不过，尽管对曾经履行"性格教育"职责的核心家庭和其他的传统机构有着悲观的评论，即使学校已经开始重视"性格教育"，我还要再一次强调"性格教育"的重要性。

建构性格

　　建构性格（character-building）是终身发展的过程，通过这一过程，我们发展了与他人一起生活且有成效地工作的能力，最重要的是，获得了爱的能力。就像斯科特·派克指出的，爱不是一种感觉，不是一种艺术，不是一种心态，爱是一种行为。确切地说，是要牢记下面这段包含哲学意味的话，形成一种充满爱的性格、一种对生活负责的性格：

　　尽管我们最初可能是自然属性和生长环境的囚徒，但是无论如何，我们都不能永远使自己成为环境影响的"受害者"。我们必须坦诚地接受自己，深入地了解自己，公正地评判我们的优势和劣势，真正掌控我们的基本本能和天生倾向，克服环境带来的不足和创伤，这些都会帮助我们在生活的巨大挑战中塑造自己。最终，我们获得的完整和优质的生活，就是完整的自我觉醒的结果。我们必须不带任何偏见、欺骗或否认地了解自己和他人，我们必须诚实地面对和应对性格的方方面面。只有这样，我们才能自由地承担起磨炼和提升自己的责任，为了我们自己，也是为了别人。做出自主的选择，承担特定的负担或"痛苦"，才是爱的真正含义。我们会背负这个十字架直到死亡，对此的意愿和承诺使我们能够走向更高一级的生存平台的大门。

致谢

　　我深深感谢我的妻子雪莉·西蒙（Sherry Simon）博士，感谢她一直以来的爱、信任、理解、耐心和支持。她为这本书起了名字，还为我厘清写作思路，提供宝贵的灵感来源。

　　我要感谢布鲁斯·卡鲁思（Bruce Carruth）博士对初稿的批评和建议，正因为他，这本书才具有可读性。

　　我由衷地感谢西奥多·米隆（Theodore Millon）博士的工作，他关于人格的综合理论，不仅影响了我对这一领域的认识，也证明了我在助人改变方面做出的努力是有价值的。

　　我还得益于许多愿意分享自己与控制型人格接触经历的人。他们教会了我很多，丰富了我的生活。这本书的面世，在很大程度上归功于他们的勇气和支持。

我最感激的还是工作室成员对我的工作一如既往地认可、支持和补充，他们帮我在写作过程中不断地澄清观念、提炼观点、提高作品质量。

　　本书拥有数以千万计的读者群体，连续 15 年位列网络书籍和线下销售活跃排行榜，我对他们的感激溢于言表。读者发来很多邮件、博客、信函，帮助我进行必要的更新和修改，最终形成了这一修订版本。我非常重视陆续收到的反馈，我将这些信息作为本书新增的内容，扩展了重要概念的讨论范围。

　　最后，我要感谢罗杰·安布鲁斯特（Roger Armbrust）和帕克赫斯特兄弟出版公司的泰德·帕克赫斯特（Ted Parkhurst of Parkhurst Brothers）。泰德一如既往地鼓励我，每当我需要他的时候，他总会挺身而出；罗杰的陪伴和帮助让我受益颇多，也让此书读者有所受益。